图书在版编目（CIP）数据

防水、保温及屋面工程细部节点做法与施工工艺图解/
杨健康主编. —北京：中国建筑工业出版社，2018.7（2024.8重印）
（建筑工程细部节点做法与施工工艺图解丛书/丛书
主编：毛志兵）
ISBN 978-7-112-22214-8

Ⅰ.①防… Ⅱ.①杨… Ⅲ.①建筑工程-节点-细部
设计-图解②建筑工程-工程施工-图解 Ⅳ.①TU-64

中国版本图书馆 CIP 数据核字（2018）第 102146 号

　　本书以通俗、易懂、简单、经济、实用为出发点，从节点图、实体照片、工艺说明三个方面解读工程节点做法。本书分为防水工程、保温工程、屋面工程共3章。提供了200多个常用细部节点做法，能够对项目基层管理岗位及操作层的实体操作及质量控制有所启发和帮助。
　　本书是一本实用性图书，可以作为监理单位、施工企业、一线管理人员及劳务操作层的培训教材。

责任编辑：张　磊
责任校对：王　瑞

建筑工程细部节点做法与施工工艺图解丛书
防水、保温及屋面工程细部节点做法与施工工艺图解
丛书主编：毛志兵
本书主编：杨健康

*

中国建筑工业出版社出版、发行（北京海淀三里河路9号）
各地新华书店、建筑书店经销
霸州市顺浩图文科技发展有限公司制版
北京盛通印刷股份有限公司印刷

*

开本：850×1168毫米　1/32　印张：9¾　字数：261千字
2018年9月第一版　　2024年8月第十一次印刷
定价：**39.00**元
ISBN 978-7-112-22214-8
（37474）

建筑工程细部节点做法与施工工艺图解丛书

防水、保温及屋面工程细部节点做法与施工工艺图解

丛书主编：毛志兵

本书主编：杨健康

中国建筑工业出版社

编写委员会

主　　编：毛志兵

副 主 编：（按姓氏笔画排序）

冯　跃　刘　杨　刘明生　刘爱玲　李　明

杨健康　吴　飞　吴克辛　张云富　张太清

张可文　张晋勋　欧亚明　金　睿　赵福明

郝玉柱　彭明祥　戴立先

审定委员会

（按姓氏笔画排序）

马荣全　王　伟　王存贵　王美华　王清训　冯世伟

曲　慧　刘新玉　孙振声　李景芳　杨　煜　杨嗣信

吴月华　汪道金　张　涛　张　琨　张　磊　胡正华

姚金满　高本礼　鲁开明　薛永武

审定人员分工

《地基基础工程细部节点做法与施工工艺图解》

　　中国建筑第六工程局有限公司顾问总工程师：王存贵

　　上海建工集团股份有限公司副总工程师：王美华

《钢筋混凝土结构工程细部节点做法与施工工艺图解》

　　中国建筑股份有限公司科技部原总经理：孙振声

　　中国建筑股份有限公司技术中心总工程师：李景芳

　　中国建筑一局集团建设发展有限公司副总经理：冯世伟

　　南京建工集团有限公司总工程师：鲁开明

《钢结构工程细部节点做法与施工工艺图解》

　　中国建筑第三工程局有限公司总工程师：张琨

　　中国建筑第八工程局有限公司原总工程师：马荣全

　　中铁建工集团有限公司总工程师：杨煜

　　浙江中南建设集团有限公司总工程师：姚金满

《砌体工程细部节点做法与施工工艺图解》

　　原北京市人民政府顾问：杨嗣信

　　山西建设投资集团有限公司顾问总工程师：高本礼

　　陕西建工集团有限公司原总工程师：薛永武

《防水、保温及屋面工程细部节点做法与施工工艺图解》

　　中国建筑业协会建筑防水分会专家委员会主任：曲慧

　　吉林建工集团有限公司总工程师：王伟

《装饰装修工程细部节点做法与施工工艺图解》

　　中国建筑装饰集团有限公司总工程师：张涛

　　温州建设集团有限公司总工程师：胡正华

《安全文明、绿色施工细部节点做法与施工工艺图解》

　　中国新兴建设集团有限公司原总工程师：汪道金

　　中国华西企业有限公司原总工程师：刘新玉

《建筑电气工程细部节点做法与施工工艺图解》

　　中国建筑一局（集团）有限公司原总工程师：吴月华

《建筑智能化工程细部节点做法与施工工艺图解》

《给水排水工程细部节点做法与施工工艺图解》

《通风空调工程细部节点做法与施工工艺图解》

　　中国安装协会科委会顾问：王清训

本书编委会

主编单位：北京住总集团有限责任公司

参编单位：北京住总第一开发建设有限公司

北京住总第四开发建设有限公司

北京住总集团有限责任公司技术开发中心

北京住总房地产开发有限公司

北京建筑节能研究发展中心

主　　编：杨健康

副 主 编：朱晓锋　王浩鸣　刘作为　周　宁　钱　新

编写人员：路红卫　龚　红　刘宝生　赵杰琼　蔡　倩

苑立彬　刘　兮　乔　桐　郝　瀚　侯煦新一

张博伟　路　帅　叶　旭　马　堃　董云龙

张志勇　张　肸　孙晓光　张　瞳

丛 书 前 言

　　过去的 30 年，是我国建筑业高速发展的 30 年，也是从业人员数量井喷的 30 年，不可避免的出现专业素质参差不齐，管理和建造水平亟待提高的问题。

　　随着国家经济形势与发展方向的变化，一方面建筑业从粗放发展模式向精细化发展模式转变，过去以数量增长为主的方式不能提供行业发展的动力，需要朝品质提升、精益建造方向迈进，对从业人员的专业水准提出更高的要求；另一方面，建筑业也正由施工总承包向工程总承包转变，不仅施工技术人员，整个产业链上的工程设计、建设监理、运营维护等项目管理人员均需要夯实专业基础和提高技术水平。

　　特别是近几年，施工技术得到了突飞猛进的发展，完成了一批"高、大、精、尖"项目，新结构、新材料、新工艺、新技术不断涌现，但不同地域、不同企业间发展不均衡的矛盾仍然比较突出。

　　为了促进全行业施工技术发展及施工操作水平的整体提升，我们组织业界有代表性的大型建筑集团的相关专家学者共同编写了《建筑工程细部节点做法与施工工艺图解丛书》，梳理经过业界检验的通用标准和细部节点，使过去的成功经验得到传承与发扬；同时收录相关部委推广与推荐的创优做法，以引领和提高行业的整体水平。在形式上，以通俗易懂、经济实用为出发点，从节点构造、实体照片（BIM 模拟）、工艺要点等几个方面，解读工程节点做法与施工工艺。最后，邀请业界顶尖专家审稿，确保本丛书在专业上的严谨性、技术上的科学性和内容上的先进性。使本丛书可供广大一线施工操作人员学习研究、设计监理人员作业的参考、项目管理人员工作的借鉴。

本丛书作为一本实用性的工具书，按不同专业提供了业界实践后常用的细部节点做法，可以作为设计单位、监理单位、施工企业、一线管理人员及劳务操作层的培训教材，希望对项目各参建方的操作实践及品质控制有所启发和帮助。

　　本丛书虽经过长时间准备、多次研讨与审查、修改，仍难免存在疏漏与不足之处。恳请广大读者提出宝贵意见，以便进一步修改完善。

丛书主编：毛志兵

本 册 前 言

为切实提高工程建设的技术管理水平和施工操作能力，提升建设工程质量，深入推进建筑工程现场"规范化、标准化、精细化"建设，按照《建筑工程细部节点做法与施工工艺图解丛书》编委会的要求，北京住总集团有限责任公司组织北京住总第一开发建设有限公司、北京住总第四开发建设有限公司、技术开发中心、北京住总房地产开发有限公司和北京建筑节能研究发展中心共同编写本书。本书由"防水工程、保温工程、屋面工程"三部分组成。

"防水工程"由北京住总第四开发建设有限公司联合北京住总房地产开发有限公司共同编写，主要内容包含"地下防水、厕浴间防水、特殊部位防水"79个节点；"屋面工程"由北京住总第一开发建设有限公司编写，主要内容包含"保温隔热层工程、卷材防水屋面、涂膜防水屋面、保护层及面层、刚性防水屋面、屋面接缝密封防水、瓦屋面、金属板材屋面、屋面保温以及蓄水屋面、种植屋面、倒置式屋面"共十节、80余个节点；"保温工程"由北京住总集团技术开发中心联合北京建筑节能研究发展中心共同编写，共分为三节，61个细部节点做法，主要内容吸收了当前主流的外保温做法以及企业自主研发的带防火隔离带的模塑聚苯板薄抹灰外墙外保温、岩棉板（岩棉条）外墙外保温技术体系与工艺做法。

在本书编写过程中我们吸收总结了多年来的研究成果、实践经验与项目实例，并组织了中国建筑业协会建筑防水分会专家委员会主任曲慧、吉林建工集团有限公司总工程师王伟与企业内的资深专家进行审查后定稿，在此一并表示感谢。本书图文并茂、语言精练、通俗易懂，适用面广、可操作性强，可供建筑企业施工、管理及监理等人员使用，也可供建设单位、设计单位以及政府监管部门等专业人员参考。

由于时间仓促，编写组水平有限，本书难免有不妥之处，恳请同行和读者批评指正，以便未来不断完善。

目　录

第一章 防水工程

第一节 地下防水工程

010101 防水混凝土

施工工艺说明	适用于地下室防水等级为一至四级的整体式防水混凝土结构。
施工控制要点	施工前应做好降排水工作,不得在有积水的环境中浇筑混凝土。预拌混凝土的初凝时间宜为6～8h。应分层连续浇筑,分层厚度不得大于500mm。施工时采用机械振捣,避免漏振、欠振和超振。
质量常见问题	混凝土浇筑应按施工方案分层进行,振捣密实。对于钢筋密集处,可调整石子级配,较大的预留洞下,应预留浇筑口。模板应支设牢固,在混凝土浇筑过程中,应指派专人值班"看模"。混凝土施工缝位置施工需加强管理。
施工注意事项	防水混凝土结构迎水面钢筋保护层厚度不小于50mm。结构内部设置的各种钢筋、绑扎火烧丝等不能直接接触模板。一次浇筑混凝土量不能过多,浇筑完成后注意定期养护。墙体分批浇筑防水混凝土时,保证振捣深度。应注意后浇带和施工缝的处理。

010102　水泥砂浆防水层

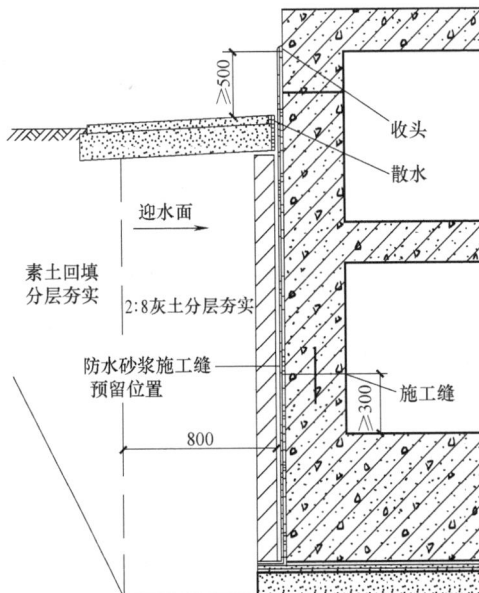

图中标注：
- ≥500
- 收头
- 散水
- 迎水面
- 素土回填分层夯实
- 2:8灰土分层夯实
- 防水砂浆施工缝预留位置
- ≥300
- 施工缝
- 800

施工工艺说明	施工方法为人工抹压及机械湿喷法,人工抹压使用较为广泛,抹面的平整度和密实度与操作人员的操作技巧有关。
施工控制要点	墙面防水层需先做 1mm 厚素灰,用铁抹子往返用力刮抹,使素灰填实基层表面空隙。第二层和第三层为水泥砂浆层,每层厚度 6～8mm,首层为扫毛,第二层为压光做法。压光宜分次用铁抹子压实,一般抹压 2～3 次为宜。
质量常见问题	抹灰厚度过大易产生空鼓、开裂,需严格按相关工艺执行。
施工注意事项	结构阴阳角的防水层宜抹成圆角;防水层施工缝需留斜坡阶梯形槎,槎子的搭接要依照层次操作顺序层层搭接。留槎的位置宜留在地面上,亦可留在墙面上,所留的槎子均需距离阴阳角 20cm 以上。

010103 防水卷材错槎接缝处理

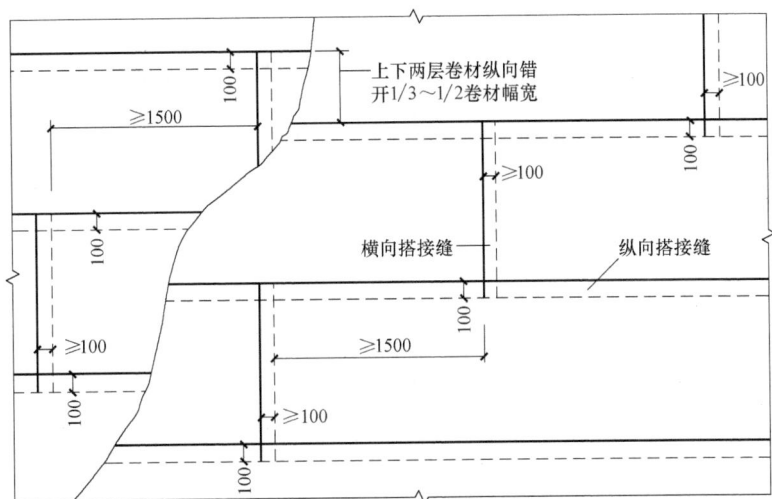

上下两层卷材纵向错开1/3～1/2卷材幅宽

≥100

≥1500

≥100

横向搭接缝

纵向搭接缝

100

100

100

≥100

≥100

≥1500

≥100

100

100

施工工艺说明	两幅卷材的搭接长度：高聚物改性沥青类卷材应为150mm，合成高分子类卷材应为100mm；在平面与立墙的转角处，卷材的接缝应留在平面上，距立墙不小于600mm。当使用两层卷材时，上层卷材应盖过下层卷材，上下两层卷材接缝应错开1/3～1/2幅宽，且上下层卷材不得相互垂直铺贴。同一层相邻两幅卷材的横向接缝，应彼此错开1500～1600mm。
施工控制要点	卷材与基面、卷材与卷材间的粘结应紧密、牢固；铺贴完成的卷材应平整顺直，搭接尺寸应准确，不得产生扭曲皱折。
质量常见问题	做卷材防水时，卷材搭接不够，阴阳角附加毡做的不规矩，这些部位容易造成破坏，致使漏水。防止措施：施工过程严格按照规范要求操作，保证搭接尺寸，在防水搭接头收头粘贴后可用火焰或抹子沿搭接缝边缘再行均匀加热抹压封严，或用密封材料沿缝封严，宽度不小于10mm。
施工注意事项	铺贴卷材严禁在雨天、雪天、五级及以上大风中施工；冷粘法、自粘法施工的环境气温不宜低于5℃，热熔法、焊接法施工的环境气温不宜低于－10℃。施工过程中下雨或下雪时，应做好已铺卷材的防护工作。采用热熔法施工应加热均匀，不得加热不足或烧穿卷材，搭接缝部位应溢出热熔的改性沥青。

010104 外墙防水卷材搭接图

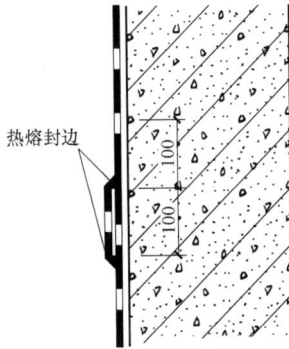

热熔封边

工艺说明：铺贴外墙卷材之前，应先将接槎部位的卷材揭开，并将其表面清理干净，如卷材有局部损伤，应及时进行修补后方可继续施工，两层卷材应错槎接缝，错开距离不得小于350mm，上层卷材应盖过下层卷材。两幅卷材的搭接长度，长边与短边均应不小于100mm。

010105　防水卷材铺贴顺序

工艺说明：先铺贴阴阳角等部位的附加层，将柱墩基础、后浇带等处的防水卷材铺贴完毕后再铺大面。卷材铺贴方向：底板宜平行于长边方向铺贴；立墙应垂直底板方向铺贴；卷材应先铺贴平面，后铺贴立面。

010106 附加防水卷材收头

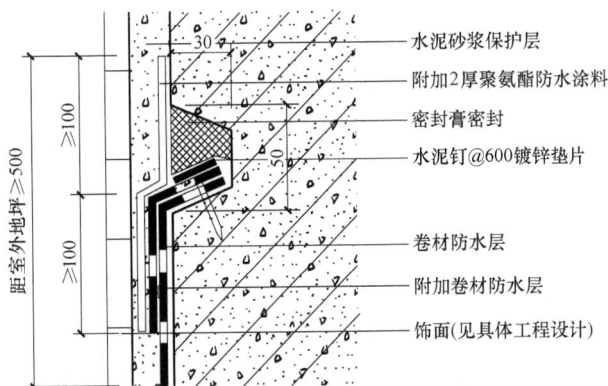

水泥砂浆保护层

附加2厚聚氨酯防水涂料

密封膏密封

水泥钉@600镀锌垫片

卷材防水层

附加卷材防水层

饰面(见具体工程设计)

距室外地坪≥500

≥100

≥100

30

50

施工工艺说明	防水卷材收头位置结构预留深 30mm、高 50mm 梯形凹槽,防水卷材及卷材附加层均向槽内伸至槽底,并用水泥钉加镀锌垫片钉紧,宽不小于 20mm 防锈金属压条钉紧,水泥钉间距 600,附加防水层沿预留槽向下附加大于等于 100mm。剩余凹槽使用密封膏填严后增加 2mm 厚聚氨酯防水涂料。
施工控制要点	确保密封膏严密及防水涂料、防水卷材质量及长度符合要求。聚氨酯防水附加层施工完成后注意成品保护。
质量常见问题	卷材收头必须用压条钉压,用密封材料封口,并加做保护层。严格控制滚压及滚压顺序,应注意用手持压辊滚压转角处的卷材。
施工注意事项	铺贴卷材严禁在雨天、雪天、五级及以上大风中施工;冷粘法、自粘法施工的环境气温不宜低于 5℃,热熔法、焊接法施工的环境气温不宜低于 −10℃。

010107　附加聚氨酯防水涂料防水层收头

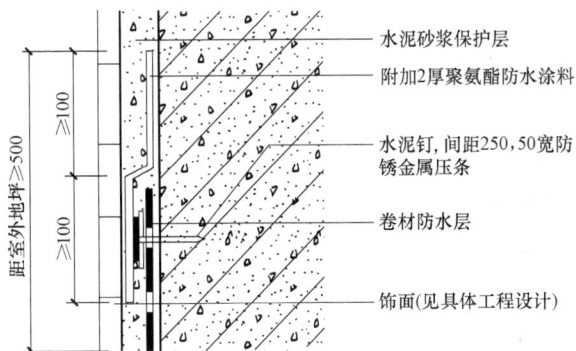

水泥砂浆保护层

附加2厚聚氨酯防水涂料

水泥钉,间距250,50宽防锈金属压条

卷材防水层

饰面(见具体工程设计)

≤100

≤100

距室外地坪≥500

　　工艺说明：防水卷材收头位置固定50宽防锈金属压条，并用水泥钉钉紧，水泥钉间距250mm。后增加2mm厚聚氨酯防水附加层，附加层宽度应符合相关规定。

010108 附加水泥基渗透结晶防水层收头

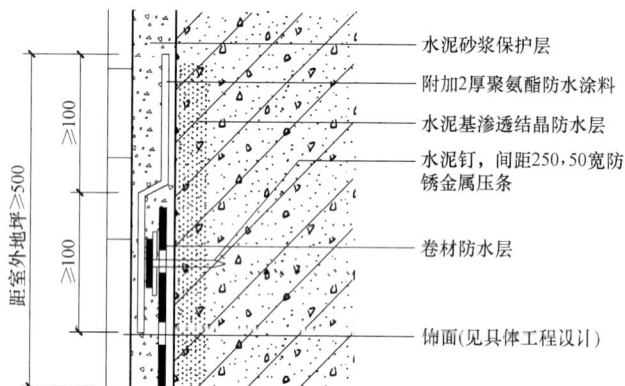

水泥砂浆保护层

附加2厚聚氨酯防水涂料

水泥基渗透结晶防水层

水泥钉，间距250，50宽防锈金属压条

卷材防水层

饰面（见具体工程设计）

距室外地坪≥500

≥100

≥100

≥100

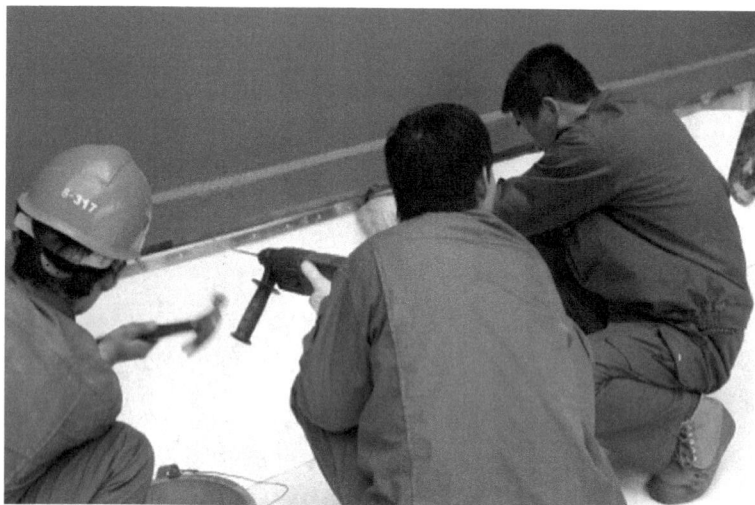

工艺说明：防水卷材施工前，在结构外涂刷水泥基渗透结晶防水层。防水卷材收头位置固定50宽防锈金属压条，并用水泥钉钉紧，水泥钉间距250mm。后增加2mm厚聚氨酯防水附加层，附加层宽度应符合相关规定。

010109　水泥钉＋密封膏收头

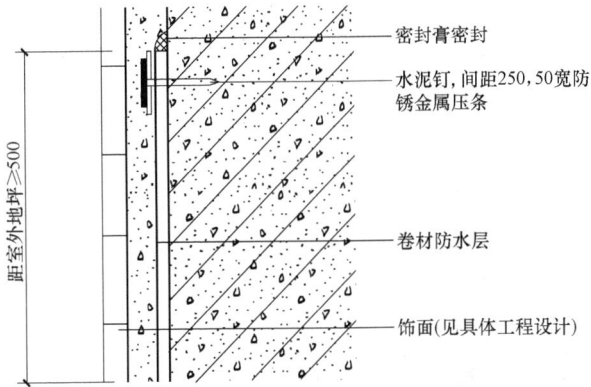

距室外地坪≥500

密封膏密封

水泥钉,间距250,50宽防锈金属压条

卷材防水层

饰面(见具体工程设计)

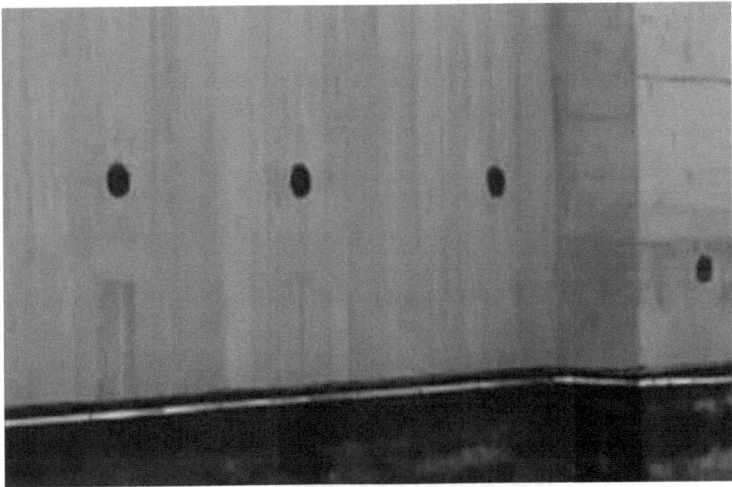

　　工艺说明：防水卷材收头位置固定 50mm 宽防锈金属压条，并用水泥钉钉紧，水泥钉间距 250mm。后在防水卷材顶部增加密封膏，以保证收头严密。

010110 卷材弯折至水平构件收头

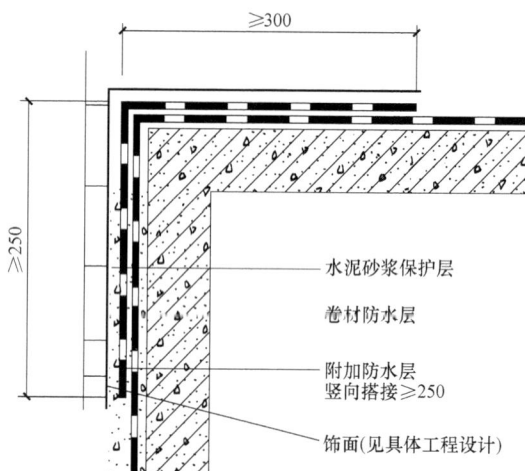

水泥砂浆保护层

卷材防水层

附加防水层
竖向搭接≥250

饰面(见具体工程设计)

工艺说明：地下外墙防水弯折至水平构件收头做法应附加卷材防水层，附加防水层竖向搭接应≥250mm，弯折后水平部分应≥300mm。

010111　卷材弯折至水平构件加密封膏收头

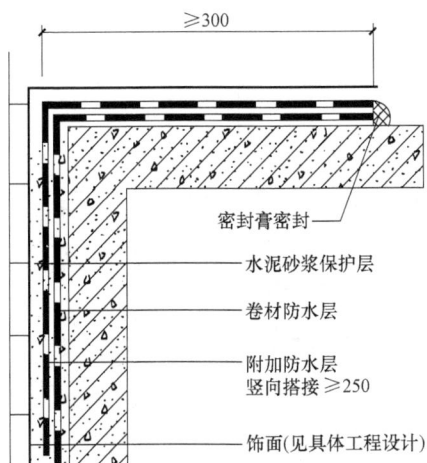

密封膏密封

水泥砂浆保护层

卷材防水层

附加防水层
竖向搭接≥250

饰面(见具体工程设计)

≥300

工艺说明：地下外墙防水弯折至水平构件收头做法应附加卷材防水层，附加防水层竖向搭接应≥250mm，弯折后水平部分应≥300mm。在水平防水层端部增加密封膏。

010112 卷材防水层甩茬

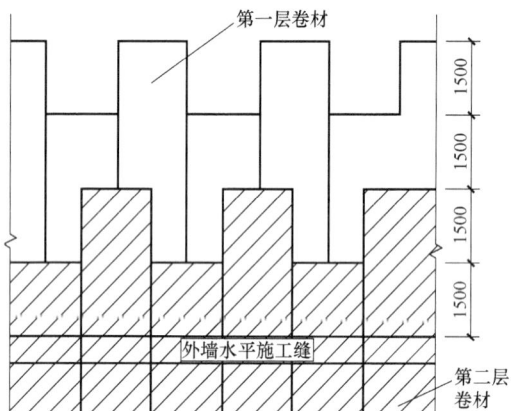

外墙卷材施工缝处铺贴示意图

工艺说明：铺贴双层卷材时，上下两层和相邻两幅卷材的接缝应错开1/3～1/2幅宽，且两层卷材不得相互垂直铺贴。卷材防水搭接宽度应准确，接缝牢固，平立面卷材及搭接部位卷材铺贴后表面平整，无皱折、鼓泡、翘边现象，横竖接缝平直，美观。

010113　防水收头在散水处构造

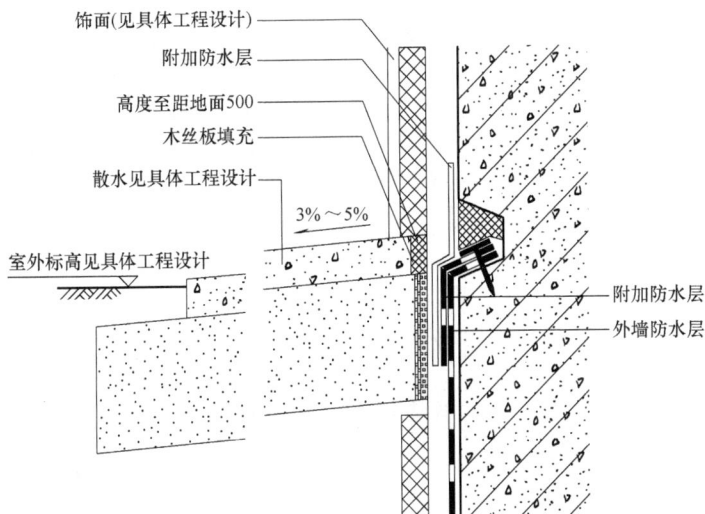

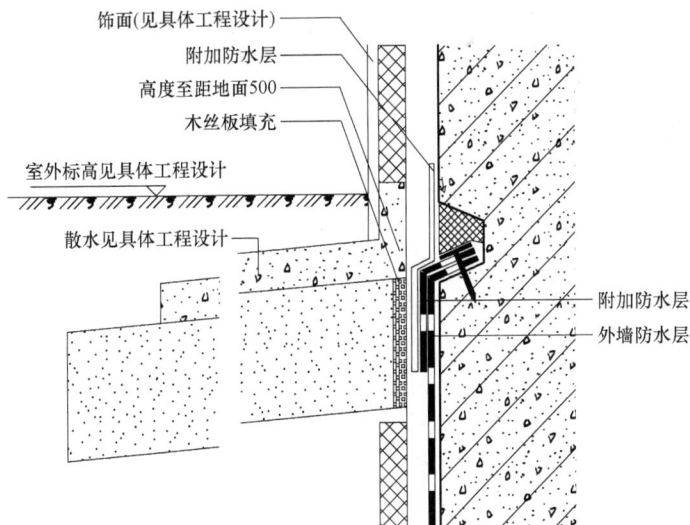

饰面(见具体工程设计)
附加防水层
高度至距地面500
木丝板填充
散水见具体工程设计
室外标高见具体工程设计
3%～5%
附加防水层
外墙防水层

饰面(见具体工程设计)
附加防水层
高度至距地面500
木丝板填充
室外标高见具体工程设计
散水见具体工程设计
附加防水层
外墙防水层

施工工艺说明	防水收口位置设置在室外地坪 500mm 高处,附加防水层,末端先用 1mm×42mm 防锈金属压条钢钉固定(间距 250mm),用钢钉或水泥钉固定后再用密封胶将上口密封。散水与外墙之间预留 20mm 宽的缝隙,采用密封膏灌严。
施工控制要点	铝合金压条应与墙面固定牢固且密封胶应连续无漏打。
质量常见问题	外墙装饰施工时将防水层破坏,预防措施:提前将防水高度告知外墙装饰施工队伍,避开防水铺设位置。
施工注意事项	铺贴卷材严禁在雨天、雪天、五级及以上大风中施工;冷粘法、自粘法施工的环境气温不宜低于 5℃,热熔法、焊接法施工的环境气温不宜低于 -10℃。施工过程中下雨或下雪时,应做好已铺卷材的防护工作。采用热熔法施工应加热均匀,不得加热不足或烧穿卷材,搭接缝部位应溢出热熔的改性沥青。

010114　邻水建筑外墙防水构造

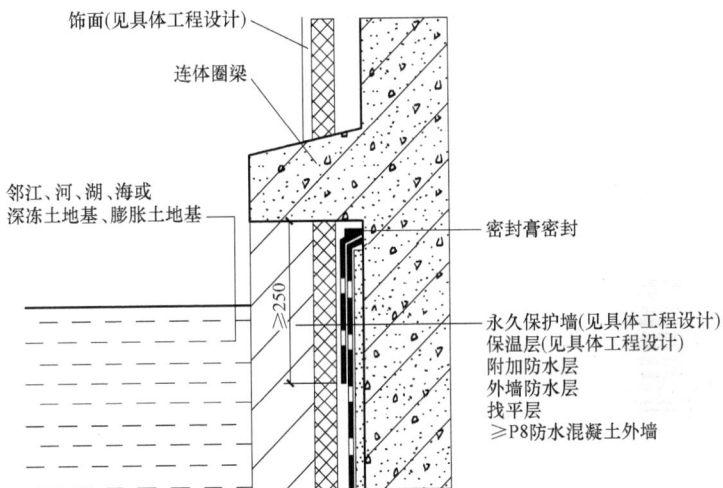

饰面(见具体工程设计)

连体圈梁

邻江、河、湖、海或
深冻土地基、膨胀土地基

≥250

密封膏密封

永久保护墙(见具体工程设计)
保温层(见具体工程设计)
附加防水层
外墙防水层
找平层
≥P8防水混凝土外墙

施工工艺说明	邻水建筑外墙防水混凝土施工应在邻水方向设置凸出连体圈梁。防水层至圈梁下增加宽度 250mm 以上附加层,并用在顶端位置密封膏密封。防水层以外需做永久性保护墙。
施工控制要点	防水卷材施工后应注意成品保护,密封膏密封需保证严密。
质量常见问题	保护墙施工时将防水层破坏,预防措施:防水施工完成后对工人细致交底,提高成品保护意识。
施工注意事项	铺贴卷材严禁在雨天、雪天、五级及以上大风中施工;冷粘法、自粘法施工的环境气温不宜低于 5℃,热熔法、焊接法施工的环境气温不宜低于 −10℃。施工过程中下雨或下雪时,应做好已铺卷材的防护工作。采用热熔法施工应加热均匀,不得加热不足或烧穿卷材,搭接缝部位应溢出热熔的改性沥青。

010115 卷材防水层平面阴阳角

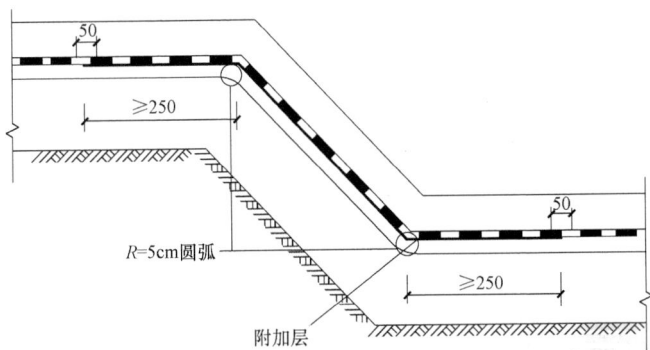

R=5cm圆弧

附加层

施工工艺说明	平面阴阳角处做圆弧半径不应小于 20mm 或斜边为 50mm 的八字坡，做卷材防水附加层，附加层与平面位置接头不小于 250mm。使用聚乙烯丙纶防水卷材需做 50mm 的八字坡。
施工控制要点	平面阴阳角处，基层清理干净、平整、顺直，平整度、顺直度不得大于 5mm，基层可湿润但无明水，采用满粘。卷材搭接宽度不应小于 100mm。
质量常见问题	基层表面平整度不应大于 5mm；聚合物水泥防水胶粘材料应边批抹、边铺贴卷材，卷材铺贴时不得拉紧，应保持自然状态。铺贴卷材时应向两边抹压赶出卷材下的空气，接缝部位应挤出胶粘材料并批刮封口。
施工注意事项	防水层完工后，聚合物水泥胶粘材料固化前，不得在其上行走或进行后道工序的作业；防水层完工后，应避免在其上凿孔打洞；当下到工序或相邻工程施工时，对已完工的防水层应采取保护措施，防止损坏；室外防水工程雨天、五级风或五级风以上不得施工；防水层完工后，聚合物水泥胶粘材料固化前下雨时应采取保护措施；卷材铺贴时环境温度不得低于 5℃，不得高于 35℃，超出其温度范围应采取措施。

010116 卷材防水层三面阴角

施工工艺说明	三面阴角附加层卷材按上图所示形状的下料和裁剪。附加层卷材铺贴时,不要拉紧,要自然松铺,无皱折即可。
施工控制要点	三面阴角处,基层清理干净、平整、顺直,平整度、顺直度不得大于 5mm;施工时,先施工底面后施工立面,立面压底面;基层处理无明水;搭接长度不小于 100mm。
质量常见问题	聚合物水泥防水胶粘材料应边批抹、边铺贴卷材,卷材铺贴时不得拉紧,应保持自燃状态。铺贴卷材时应向两边抹压赶出卷材下的空气,接缝部位应挤出胶粘材料并批刮封口。
施工注意事项	防水层完工后,聚合物水泥胶粘材料固化前,不得在其上行走或进行后道工序的作业;防水层完工后,应避免在其上凿孔打洞;当下到工序或相邻工程施工时,对已完工的防水层应采取保护措施,防止损坏;室外防水工程雨天、五级风或五级风以上不得施工;防水层完工后,聚合物水泥胶粘材料固化前下雨时应采取保护措施;卷材铺贴时环境温度不得低于 5℃,不得高于 35℃,超出其温度范围应采取措施。

010117　外墙阳角防水

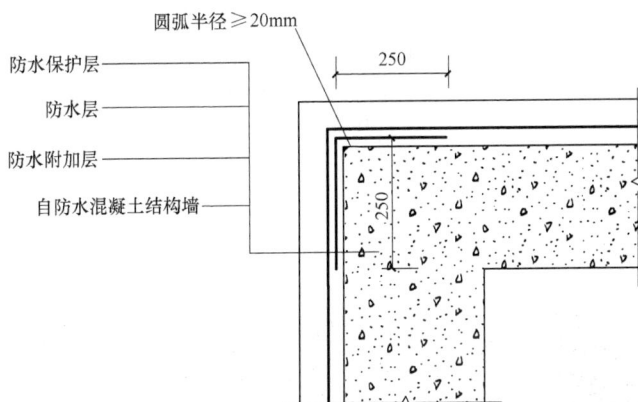

圆弧半径≥20mm

防水保护层

防水层

防水附加层

自防水混凝土结构墙

250

250

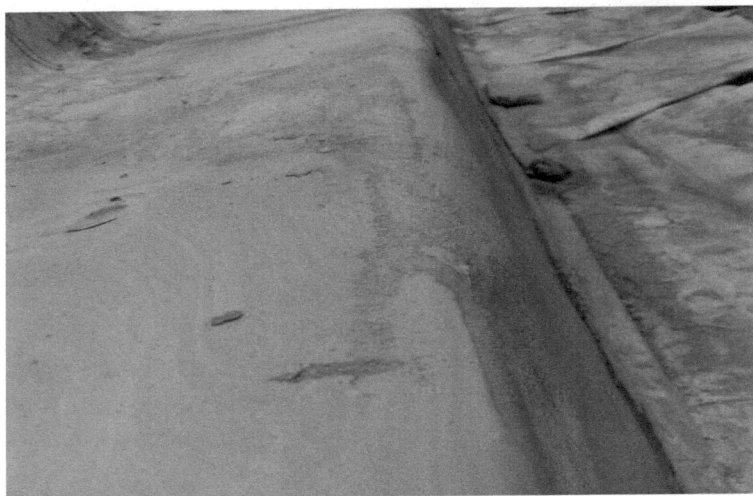

施工工艺说明	基层必须平整、牢固,表面尘土、砂层等杂物清扫干净,且不得有凹凸不平、松动、空鼓、起砂、开裂等缺陷;基层处理无明水;表面的阳角处,均应做成圆弧半径为 20mm,阳角部位加铺一层防水附加层,附加层过角线两侧各不小于 250mm。
施工控制要点	基层清理干净、平整、顺直,平整度、顺直度不应大于 5mm;搭接长度不小于 100mm。
质量常见问题	聚合物水泥防水胶粘材料应边批抹、边铺贴卷材,卷材铺贴时不得拉紧,应保持自然状态。铺贴卷材时应向两边抹压赶出卷材下的空气,接缝部位应挤出胶粘材料并批刮封口。
施工注意事项	防水层完工后,聚合物水泥胶粘材料固化前,不得在其上行走或进行后道工序的作业;防水层完工后,应避免在其上凿孔打洞;当下道工序或相邻工程施工时,对已完工的防水层应采取保护措施,防止损坏;室外防水工程雨天、五级风或五级风以上不得施工;防水层完工后,聚合物水泥胶粘材料固化前下雨时应采取保护措施;卷材铺贴时环境温度不得低于 5℃,不得高于 35℃,超出其温度范围应采取措施。

010118　外墙阴角防水

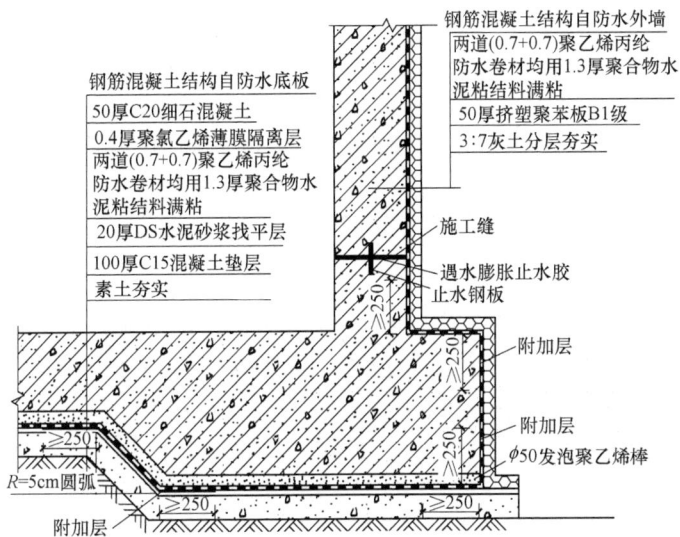

钢筋混凝土结构自防水外墙

两道(0.7+0.7)聚乙烯丙纶
防水卷材均用1.3厚聚合物水
泥粘结料满粘

50厚挤塑聚苯板B1级

3:7灰土分层夯实

钢筋混凝土结构自防水底板

50厚C20细石混凝土

0.4厚聚氯乙烯薄膜隔离层

两道(0.7+0.7)聚乙烯丙纶
防水卷材均用1.3厚聚合物水
泥粘结料满粘

20厚DS水泥砂浆找平层

100厚C15混凝土垫层

素土夯实

施工缝

遇水膨胀止水胶
止水钢板

附加层

附加层
φ50发泡聚乙烯棒

R=5cm圆弧

附加层

≥250

≥250

≥250

≥250

≥250

≥250

≥250

施工工艺说明	基层必须平整、牢固，表面尘土、砂层等杂物清扫干净，且不得有凹凸不平、松动、空鼓、起砂、开裂等缺陷；基层可湿润但无明水；表面的阳角处，外墙阴角处做圆弧半径不应小于 20mm 或斜边为 50mm 的八字坡。
施工控制要点	基层清理干净、平整、顺直，平整度、顺直度不应大于 5mm；搭接长度不小于 100mm。
质量常见问题	聚合物水泥防水胶粘材料应边批抹、边铺贴卷材，卷材铺贴时不得拉紧，应保持自然状态。铺贴卷材时应向两边抹压赶出卷材下的空气，接缝部位应挤出胶粘材料并批刮封口。
施工注意事项	防水层完工后，聚合物水泥胶粘材料固化前，不得在其上行走或进行后道工序的作业；防水层完工后，应避免在其上凿孔打洞；当下道工序或相邻工程施工时，对已完工的防水层应采取保护措施，防止损坏；室外防水工程雨天、五级风或五级风以上不得施工；防水层完工后，聚合物水泥胶粘材料固化前下雨时应采取保护措施；卷材铺贴时环境温度不得低于 5℃，不得高于 35℃，超出其温度范围应采取措施。

010119 底板防水构造

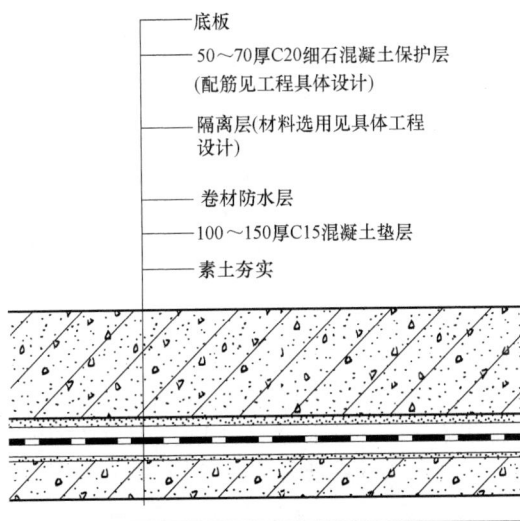

底板
50～70厚C20细石混凝土保护层
(配筋见工程具体设计)

隔离层(材料选用见具体工程
设计)

卷材防水层
100～150厚C15混凝土垫层

素土夯实

施工工艺说明	两幅卷材的搭接长度:高聚物改性沥青类卷材应为 150mm,合成高分子类卷材应为 100mm;在平面与立墙的转角处,卷材的接缝应留在平面上,距立墙不小于 600mm。当使用两层卷材时,上层卷材应盖过下层卷材,上下两层卷材接缝应错开 1/3~1/2 幅宽,且上下层卷材不得相互垂直铺贴。同一层相邻两幅卷材的横向接缝,应彼此错开 1500~1600mm。
施工控制要点	卷材与基面、卷材与卷材间的粘结应紧密、牢固;铺贴完成的卷材应平整顺直,搭接尺寸应准确,不得产生扭曲、皱折。
质量常见问题	做卷材防水时,卷材搭接不够,阴阳角附加毡做的不规矩,这些部位容易造成破坏,致使漏水。防止措施:施工过程严格按照规范要求操作,保证搭接尺寸,在防水搭接头收头粘贴后可用火焰或抹子沿搭接缝边缘再行均匀加热抹压封严,或用密封材料沿缝封严,宽度不小于 10mm。
施工注意事项	铺贴卷材严禁在雨天、雪天、五级及以上大风中施工;冷粘法、自粘法施工的环境气温不宜低于 5℃,热熔法、焊接法施工的环境气温不宜低于 -10℃。施工过程中下雨或下雪时,应做好已铺卷材的防护工作。采用热熔法施工应加热均匀,不得加热不足或烧穿卷材,搭接缝部位应溢出热熔的改性沥青。

010120　一、二级卷材防水无保温顶板

覆土或面层(见工程具体设计)

50～70厚C20细石混凝土保护层
(配筋见工程具体设计)

隔离层(材料选用见具体工程
设计)

卷材防水层

20厚1:2.5水泥砂浆找平层

防水混凝土楼板

施工工艺说明	两幅卷材的搭接长度:高聚物改性沥青类卷材应为 150mm,合成高分子类卷材应为 100mm;在平面与立墙的转角处,卷材的接缝应留在平面上,距立墙不小于 600mm。当使用两层卷材时,上层卷材应盖过下层卷材,上下两层卷材接缝应错开 1/3~1/2 幅宽,且上下层卷材不得相互垂直铺贴。同一层相邻两幅卷材的横向接缝,应彼此错开 1500~1600mm。
施工控制要点	卷材与基面、卷材与卷材间的粘结应紧密、牢固;铺贴完成的卷材应平整顺直,搭接尺寸应准确,不得产生扭曲、皱折。
质量常见问题	做卷材防水时,卷材搭接不够,阴阳角附加毡做的不规矩,这些部位容易造成破坏,致使漏水。防止措施:施工过程严格按照规范要求操作,保证搭接尺寸,在防水搭接头收头粘贴后可用火焰或抹子沿搭接缝边缘再行均匀加热抹压封严,用密封材料沿缝封严,宽度不小于 10mm。
施工注意事项	铺贴卷材严禁在雨天、雪天、五级及以上大风中施工;冷粘法、自粘法施工的环境气温不宜低于 5℃,热熔法、焊接法施工的环境气温不宜低于 −10℃。施工过程中下雨或下雪时,应做好已铺卷材的防护工作。采用热熔法施工应加热均匀,不得加热不足或烧穿卷材,搭接缝部位应溢出热熔的改性沥青。

010121 一、二级防水涂料无保温顶板

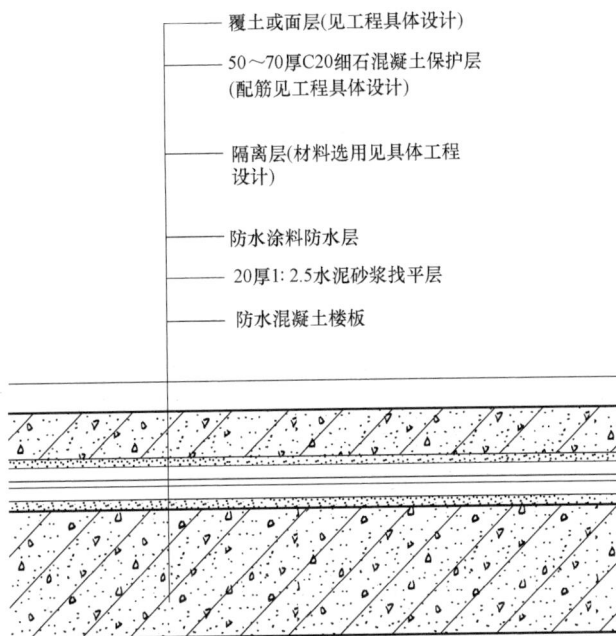

- 覆土或面层(见工程具体设计)
- 50～70厚C20细石混凝土保护层(配筋见工程具体设计)
- 隔离层(材料选用见具体工程设计)
- 防水涂料防水层
- 20厚1:2.5水泥砂浆找平层
- 防水混凝土楼板

施工工艺说明	无机防水涂料基层表面应基本干净、平整、无浮浆和明显积水。有机防水涂料基层表面应基本干燥,不应有气孔、凹凸不平、蜂窝、麻面等缺陷。涂料施工前,基层阴阳角应做成圆弧形。
施工控制要点	防水涂料应分层涂刷或喷涂,涂层应均匀,不得漏刷漏涂;接槎宽度不小于100mm。有机防水涂料施工完成后,应及时做保护层。
质量常见问题	防水层空鼓多发生在找平层与防水层之间及接缝处,主要原因是基层潮湿,含水率过大,促使涂膜、鼓泡。施工时要控制基层含水率,接缝处粘结牢固。涂膜防水层分层施工过程中或全部涂膜施工完,未等涂膜固化就上人操作活动,致使涂料受损、划伤。施工过程中应注意成品保护。
施工注意事项	涂料防水层严禁在雨天、雾天、五级及以上大风时施工,不得在施工环境温度低于5℃及高于35℃或烈日暴晒时施工。涂膜固化前如有降雨可能,应及时做好已完涂层的保护工作。

010122 一级卷材+涂料防水无保温顶板

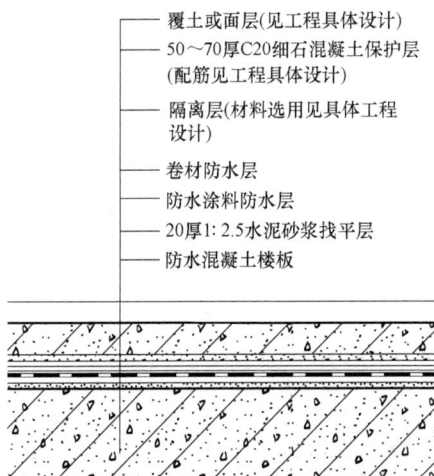

覆土或面层(见工程具体设计)
50～70厚C20细石混凝土保护层(配筋见工程具体设计)
隔离层(材料选用见具体工程设计)
卷材防水层
防水涂料防水层
20厚1:2.5水泥砂浆找平层
防水混凝土楼板

工艺说明：防水混凝土楼板上做20厚砂浆找平层，涂刷防水涂料后铺贴防水卷材，防水涂料涂刷应分层涂刷，涂层均匀，不得漏刷且接槎宽度不小于100mm；防水卷材层接槎宽度应满足高聚物改性沥青类卷材应为150mm，合成高分子类卷材应为100mm。

010123 一级卷材＋砂浆防水无保温顶板

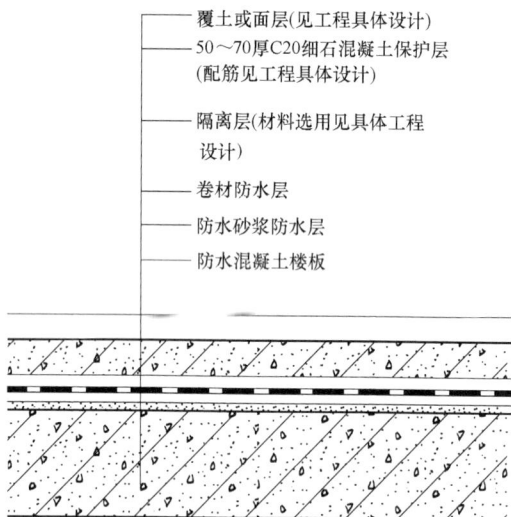

覆土或面层(见工程具体设计)

50～70厚C20细石混凝土保护层
(配筋见工程具体设计)

隔离层(材料选用见具体工程
设计)

卷材防水层

防水砂浆防水层

防水混凝土楼板

工艺说明：防水混凝土楼板上做防水砂浆后铺贴防水卷材，防水卷材层接槎宽度应满足：高聚物改性沥青类卷材应为150mm，合成高分子类卷材应为100mm。

010124　一级防水涂料＋砂浆防水无保温顶板

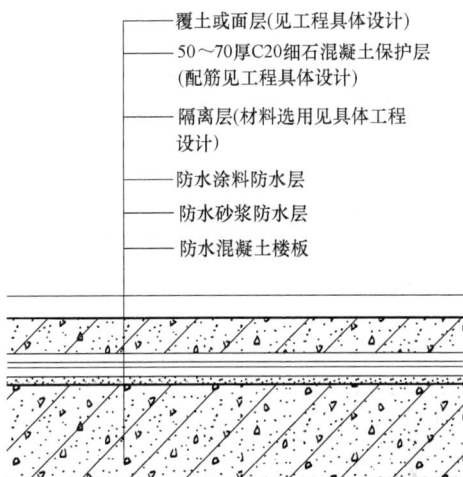

覆土或面层(见工程具体设计)

50～70厚C20细石混凝土保护层(配筋见工程具体设计)

隔离层(材料选用见具体工程设计)

防水涂料防水层

防水砂浆防水层

防水混凝土楼板

工艺说明：防水混凝土楼板上做水泥砂浆防水层后涂刷防水涂料，单层水泥砂浆防水层宜为 6～8mm，防水涂料涂刷应分层涂刷，涂层均匀，不得漏刷且接槎宽度不小于 100mm。

010125 一级防水涂料＋卷材防水无保温顶板

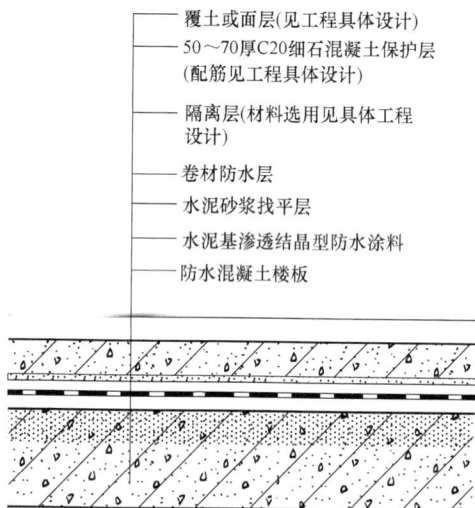

覆土或面层(见工程具体设计)

50～70厚C20细石混凝土保护层
(配筋见工程具体设计)

隔离层(材料选用见具体工程
设计)

卷材防水层

水泥砂浆找平层

水泥基渗透结晶型防水涂料

防水混凝土楼板

工艺说明：防水混凝土楼板做水泥基渗透结晶型防水涂料后做20厚水泥砂浆找平层，铺贴耐根穿刺防水卷材。防水卷材层接槎宽度应满足高聚物改性沥青类卷材应为150mm，合成高分子类卷材应为100mm。

010126　耐根穿刺防水卷材无保温顶板（找坡层在上）

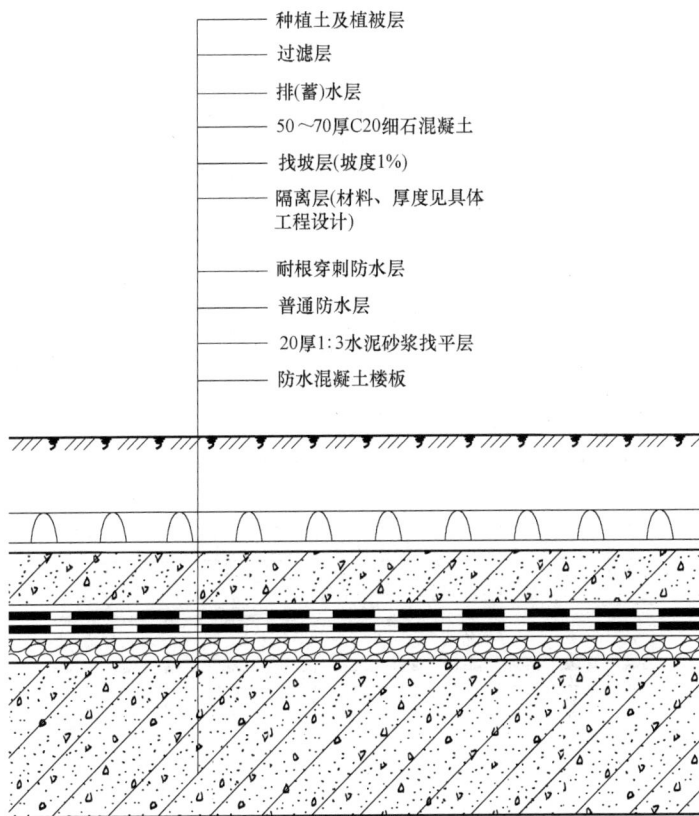

种植土及植被层

过滤层

排(蓄)水层

50～70厚C20细石混凝土

找坡层(坡度1%)

隔离层(材料、厚度见具体
工程设计)

耐根穿刺防水层

普通防水层

20厚1:3水泥砂浆找平层

防水混凝土楼板

　　工艺说明：防水混凝土楼板上做水泥砂浆找平层后铺贴防水卷材，防水卷材第一层为普通防水卷材，第二层为耐根穿刺防水卷材，防水卷材层接槎宽度应满足：高聚物改性沥青类卷材应为150mm，合成高分子类卷材应为100mm。

010127 耐根穿刺防水卷材无保温顶板（找坡层在中间）

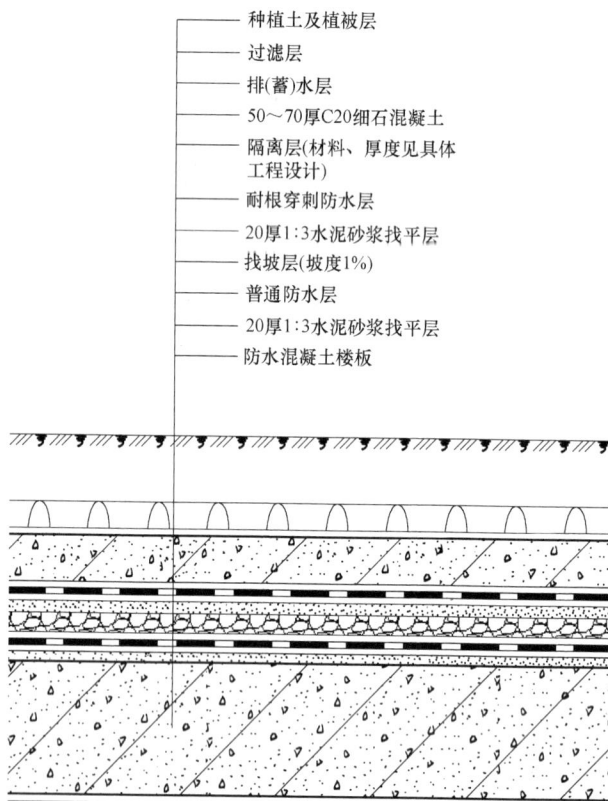

- 种植土及植被层
- 过滤层
- 排(蓄)水层
- 50～70厚C20细石混凝土
- 隔离层(材料、厚度见具体工程设计)
- 耐根穿刺防水层
- 20厚1:3水泥砂浆找平层
- 找坡层(坡度1%)
- 普通防水层
- 20厚1:3水泥砂浆找平层
- 防水混凝土楼板

工艺说明：防水混凝土楼板上做水泥砂浆找平层后铺贴防水卷材，防水卷材第一层为普通防水卷材，第二层为耐根穿刺防水卷材，防水卷材层接槎宽度应满足：高聚物改性沥青类卷材应为150mm，合成高分子类卷材应为100mm。

010128 耐根穿刺防水卷材保温顶板（保温层在上）

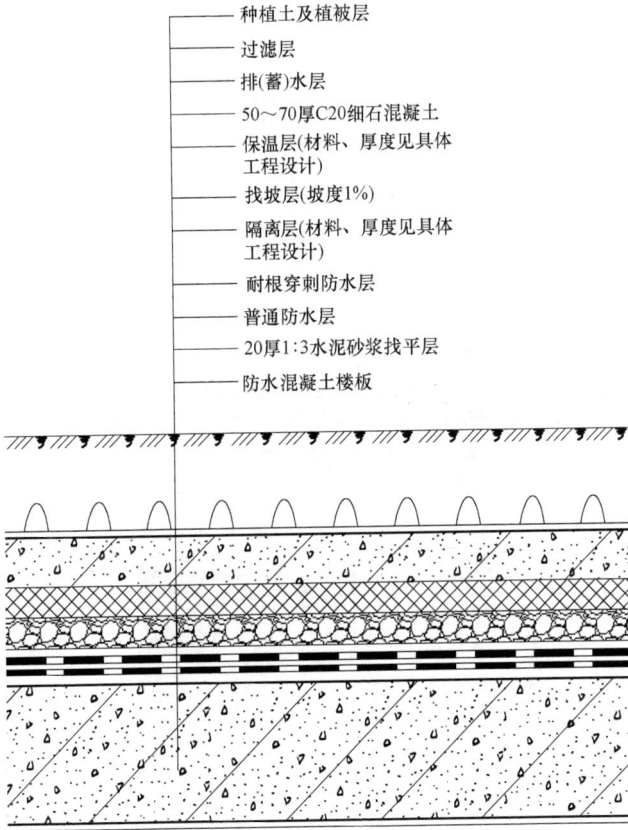

- 种植土及植被层
- 过滤层
- 排(蓄)水层
- 50～70厚C20细石混凝土
- 保温层(材料、厚度见具体工程设计)
- 找坡层(坡度1%)
- 隔离层(材料、厚度见具体工程设计)
- 耐根穿刺防水层
- 普通防水层
- 20厚1:3水泥砂浆找平层
- 防水混凝土楼板

工艺说明：防水混凝土楼板上做水泥砂浆找平层后铺贴防水卷材，防水卷材第一层为普通防水卷材，第二层为耐根穿刺防水卷材，防水卷材层接槎宽度应满足：高聚物改性沥青类卷材应为150mm，合成高分子类卷材应为100mm。

010129 耐根穿刺防水卷材保温顶板（找坡层在中间）

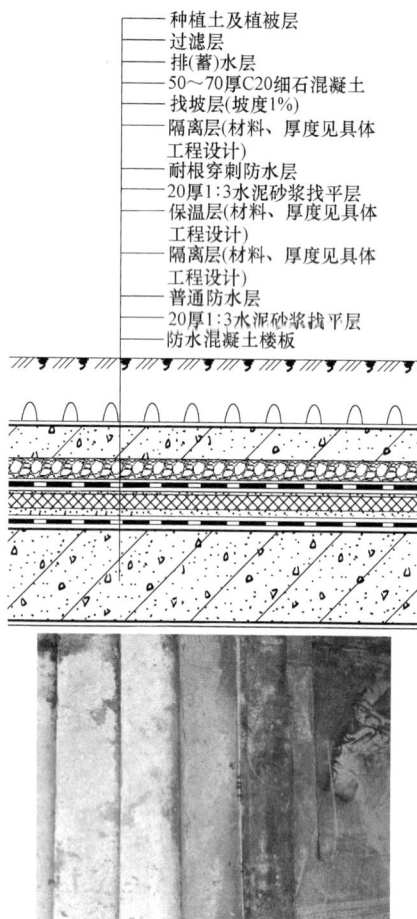

种植土及植被层
过滤层
排(蓄)水层
50～70厚C20细石混凝土
找坡层(坡度1%)
隔离层(材料、厚度见具体
工程设计)
耐根穿刺防水层
20厚1:3水泥砂浆找平层
保温层(材料、厚度见具体
工程设计)
隔离层(材料、厚度见具体
工程设计)
普通防水层
20厚1:3水泥砂浆找平层
防水混凝土楼板

工艺说明：防水混凝土楼板上做水泥砂浆找平层后铺贴防水卷材，防水卷材第一层为普通防水卷材，然后铺贴隔离层及保温层，做找平层；第二层为耐根穿刺防水卷材，防水卷材层接槎宽度应满足：高聚物改性沥青类卷材应为150mm，合成高分子类卷材应为100mm。

010130　耐根穿刺防水卷材＋防水砂浆顶板

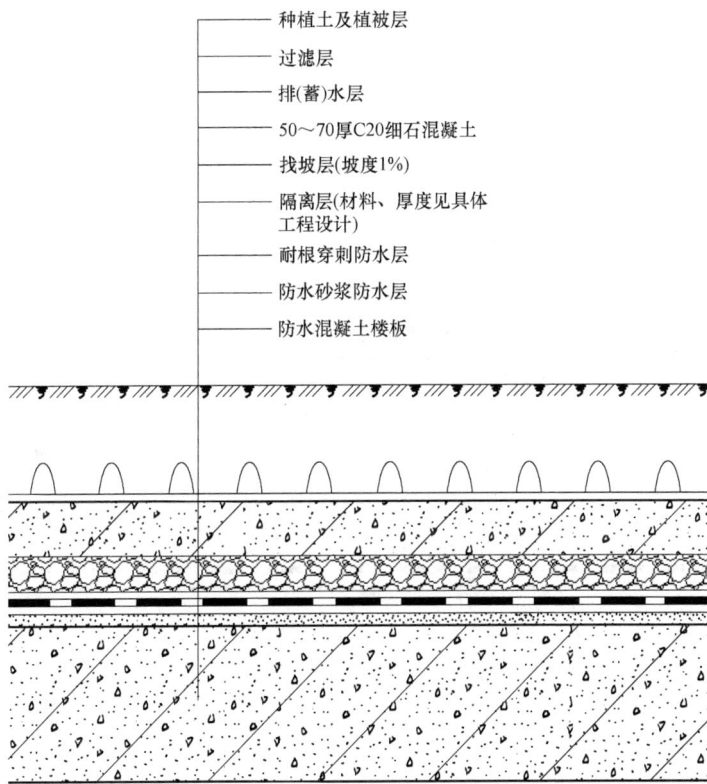

种植土及植被层
过滤层
排(蓄)水层
50～70厚C20细石混凝土
找坡层(坡度1%)
隔离层(材料、厚度见具体
工程设计)
耐根穿刺防水层
防水砂浆防水层
防水混凝土楼板

> 工艺说明：防水混凝土楼板上做防水砂浆后铺贴耐根穿刺防水卷材。聚合物水泥防水砂浆厚度单层宜为6～8mm。防水卷材层接槎宽度应满足：高聚物改性沥青类卷材应为150mm，合成高分子类卷材应为100mm。

010131 耐根穿刺防水卷材＋水泥基渗透结晶型防水

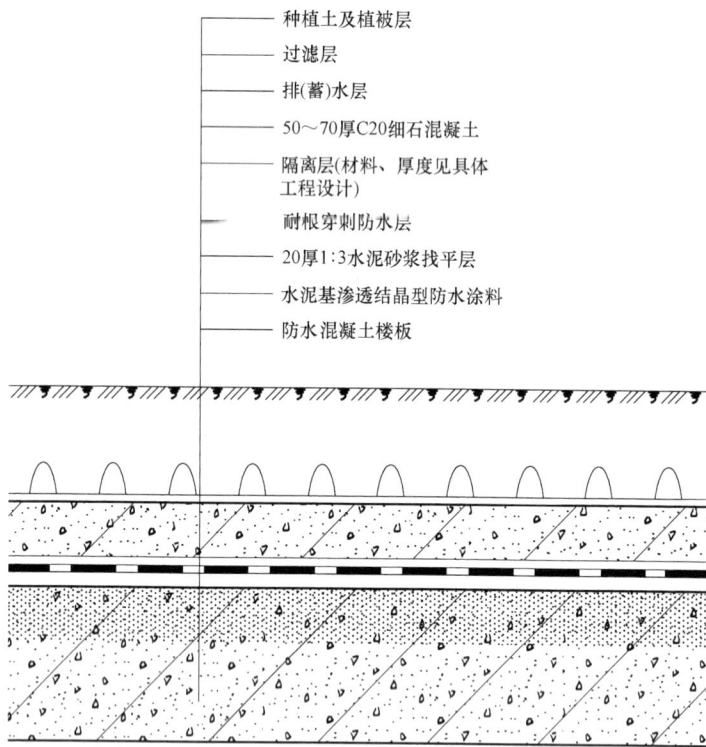

种植土及植被层

过滤层

排(蓄)水层

50～70厚C20细石混凝土

隔离层(材料、厚度见具体工程设计)

耐根穿刺防水层

20厚1:3水泥砂浆找平层

水泥基渗透结晶型防水涂料

防水混凝土楼板

工艺说明：防水混凝土楼板做水泥基渗透结晶型防水涂料后做20mm厚水泥砂浆找平层，铺贴耐根穿刺防水卷材。防水卷材层接槎宽度应满足：高聚物改性沥青类卷材应为150mm，合成高分子类卷材应为100mm。

010132 止水钢环穿墙单管

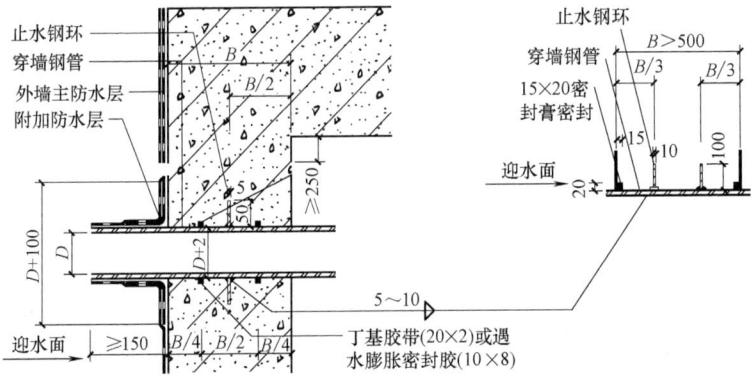

施工工艺说明	穿墙管应在混凝土浇筑前预埋,止水环与主管或套管双面满焊密实,并在施工前将套管内清理干净。采用遇水膨胀止水圈的穿墙管,管径宜小于 50mm,止水圈应采用胶粘剂满粘固定于管上,并应涂缓胀剂或采用缓胀型遇水膨胀止水圈。
施工控制要点	止水钢环与主管或套管间不应有缝隙、遇水膨胀密封胶需保证质量以及主管外、套管内及止水钢片应保证清洁。
质量常见问题	管根处如有渗水应同裂缝方式处理,采用注浆方式进行封堵,治理过程应随时检查治理效果,并做好隐蔽施工记录,止水环宽度应符合要求。
施工注意事项	当工程有防护要求时,穿墙管除应采取防水措施外,尚应采取满足防护要求的措施。穿墙管伸出外墙的部位,应采取防止回填时将管体损坏的措施。

010133 加套管止水钢环穿墙单管

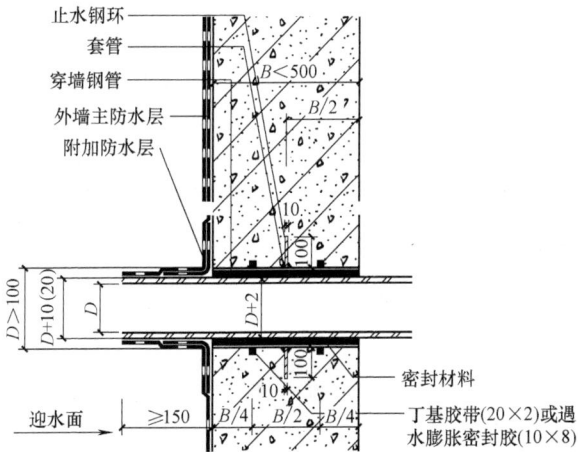

止水钢环
套管
穿墙钢管
外墙主防水层
附加防水层

$B<500$
$B/2$
10
100
$D>100$
$D+10(20)$
D
$D+2$
迎水面
≥150
$B/4$ $B/2$ $B/4$
100
10
密封材料
丁基胶带(20×2)或遇水膨胀密封胶(10×8)

工艺说明：套管在混凝土浇筑前预埋，并在施工前将套管清理干净。在图示位置设置丁基胶带或遇水膨胀密封胶。穿墙管在穿入前，管外壁用密封材料包裹后穿入，完成后在穿墙管迎水面增加卷材附加层，沿管根向外150mm以上。

010134　无止水钢环穿墙单管

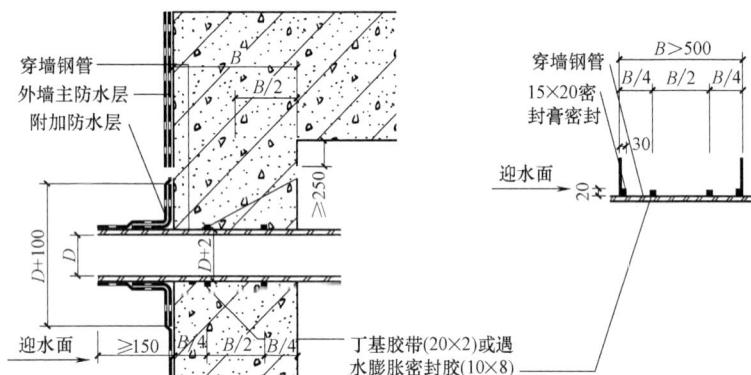

穿墙钢管
外墙主防水层
附加防水层

$B>500$
穿墙钢管
15×20密
封膏密封
30
迎水面

$D+100$
D
$D+2$

迎水面　≥150　$B/4$　$B/2$　$B/4$
丁基胶带(20×2)或遇
水膨胀密封胶(10×8)

工艺说明：穿墙管应在混凝土浇筑前预埋，并在施工前将穿墙管清理干净。在图示位置设置丁基胶带或遇水膨胀密封胶，迎水面增加卷材附加层，沿管根向外150mm以上。

010135 预埋钢片群管穿墙防水构造

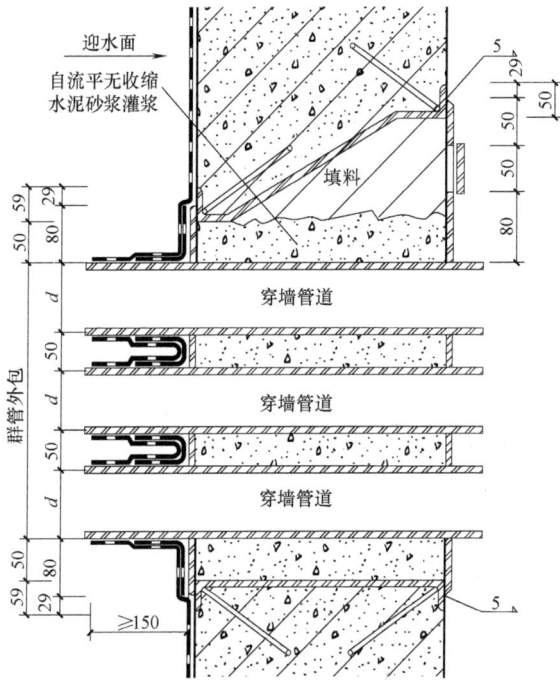

施工工艺说明	群管穿墙位置应先考虑群管封口钢板尺寸,在混凝土施工固定埋件后预留洞口,混凝土施工完成后,将封口钢板与埋件焊接,插入穿墙管道后用自流平无收缩水泥砂浆灌严。按单管穿墙要求,对迎水面穿墙管进行收头。
施工控制要点	收头防水卷材与穿墙管应保证严密无缝隙。灌浆料应保证密实。
质量常见问题	管根处如有渗水应同裂缝渗水方式处理,采用注浆方式进行封堵,治理过程应随时检查治理效果,并做好隐蔽施工记录。
施工注意事项	当工程有防护要求时,穿墙管部应采取防水措施外,尚应采取满足防护要求的措施。穿墙管伸出外墙的部位,应采取防止回填时将管体损坏的措施。

010136　密封膏桩头防水

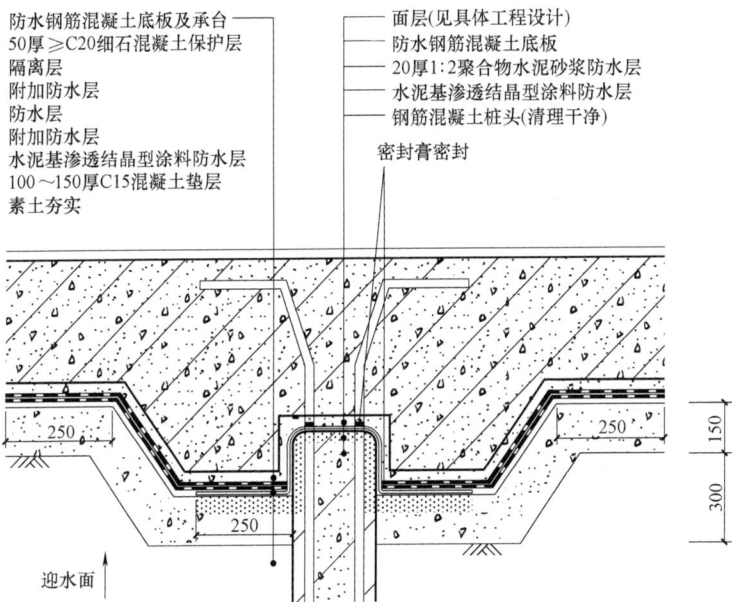

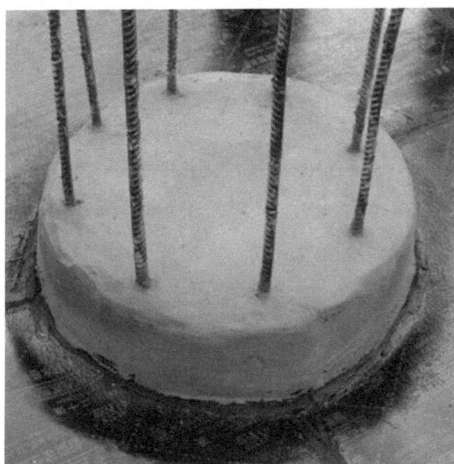

防水钢筋混凝土底板及承台
50厚≥C20细石混凝土保护层
隔离层
附加防水层
防水层
附加防水层
水泥基渗透结晶型涂料防水层
100～150厚C15混凝土垫层
素土夯实

面层(见具体工程设计)
防水钢筋混凝土底板
20厚1:2聚合物水泥砂浆防水层
水泥基渗透结晶型涂料防水层
钢筋混凝土桩头(清理干净)

密封膏密封

250　　250　150
250　300

迎水面

施工工艺说明	桩头附近大于 250mm 范围内及桩头需涂刷水泥基渗透结晶型涂料，桩头做砂浆防水层后与底板的卷材防水层交圈，桩头甩出钢筋周围用密封膏（遇水膨胀止水环）堵严，保证防水严密后进行底板施工。
施工控制要点	桩头所用防水材料应具有良好的粘结性、湿固化性，并与垫层防水层连为一体。防水卷材与桩相交部位防水需严密。
质量常见问题	桩头部位防水砂浆与卷材防水交界处有缝隙。防治措施为在防水砂浆及防水卷材施工完成后，待防水砂浆终凝后在交接位置填嵌防水密封膏，保证接槎位置防水严密。
施工注意事项	施工过程中注意防水成品保护及密封膏固定。

010137　遇水膨胀止水条＋密封膏桩头防水

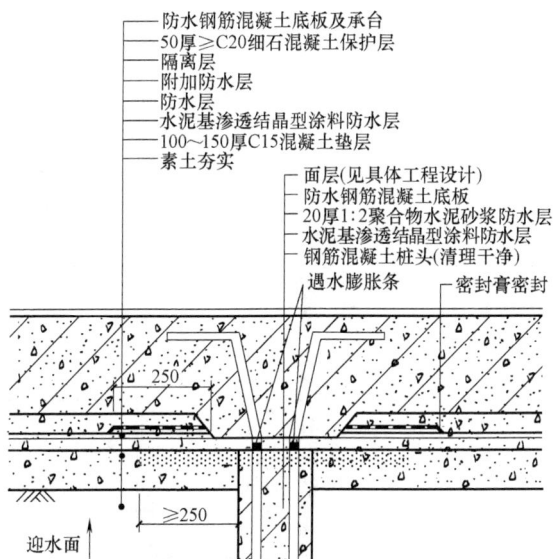

——防水钢筋混凝土底板及承台
——50厚≥C20细石混凝土保护层
——隔离层
——附加防水层
——防水层
——水泥基渗透结晶型涂料防水层
——100～150厚C15混凝土垫层
——素土夯实

——面层(见具体工程设计)
——防水钢筋混凝土底板
——20厚1:2聚合物水泥砂浆防水层
——水泥基渗透结晶型涂料防水层
——钢筋混凝土桩头(清理干净)
遇水膨胀条
——密封膏密封

250

≥250

迎水面

工艺说明：桩头附近大于250mm范围内及桩头需涂刷水泥基渗透结晶型涂料，桩头做砂浆防水层后与底板的卷材防水层交圈，桩头甩出钢筋周围用遇水膨胀止水条封严，保证防水严密后进行底板施工。

010138　窗井底板与地下室底板同标高

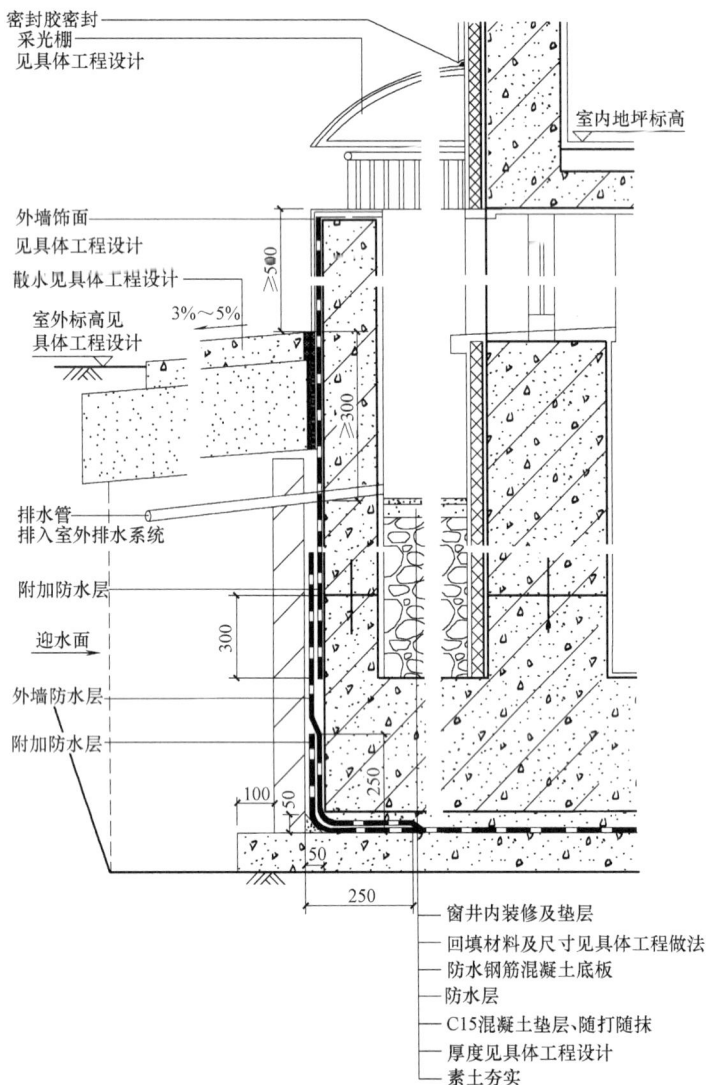

密封胶密封
采光棚
见具体工程设计

室内地坪标高

外墙饰面
见具体工程设计

散小见具体工程设计

室外标高见
具体工程设计

3%～5%

≥500

300

排水管
排入室外排水系统

附加防水层

迎水面

300

外墙防水层

附加防水层

250

100
50

50

250

窗井内装修及垫层
回填材料及尺寸见具体工程做法
防水钢筋混凝土底板
防水层
C15混凝土垫层、随打随抹
厚度见具体工程设计
素土夯实

施工工艺说明	窗井外侧基层清理干净、平整，涂刷界面剂，做防水层及防水保护层，采用 3∶7 灰土回填夯实，并向外侧找坡。
施工控制要点	外墙卷材保护层宜采用软质保护材料或铺抹 20mm 厚 1∶2.5 水泥砂浆；阴阳角、变形缝、施工缝及穿墙管处增加防水附加层，防水附加层宽度不小 500mm。卷材高出室外地坪不得小于 500mm，收头采用密封材料封堵。
质量常见问题	阴阳角处应做成圆弧或 45°坡角，其尺寸应根据卷材品种确定；窗井内的底板应低于窗下缘 300mm。窗井墙高出室外地面不得小于 500mm；窗井外地面应做散水，散水与墙面间应采用密封材料嵌填。
施工注意事项	防水层完工后，应避免在其上凿孔打洞；当下道工序或相邻工程施工时，对已完工的防水层应采取保护措施，防止损坏；铺贴卷材严禁在雨天、雪天、五级及以上大风中施工；冷粘法、自粘法施工的环境气温不宜低于 5℃，热熔法、焊接法施工的环境气温不宜低于 −10℃。施工过程中下雨或下雪时，应做好已铺卷材的防护工作。密封材料嵌填应密实、连续、饱满，粘结牢固。

010139 窗井底板与地下室底板不同标高

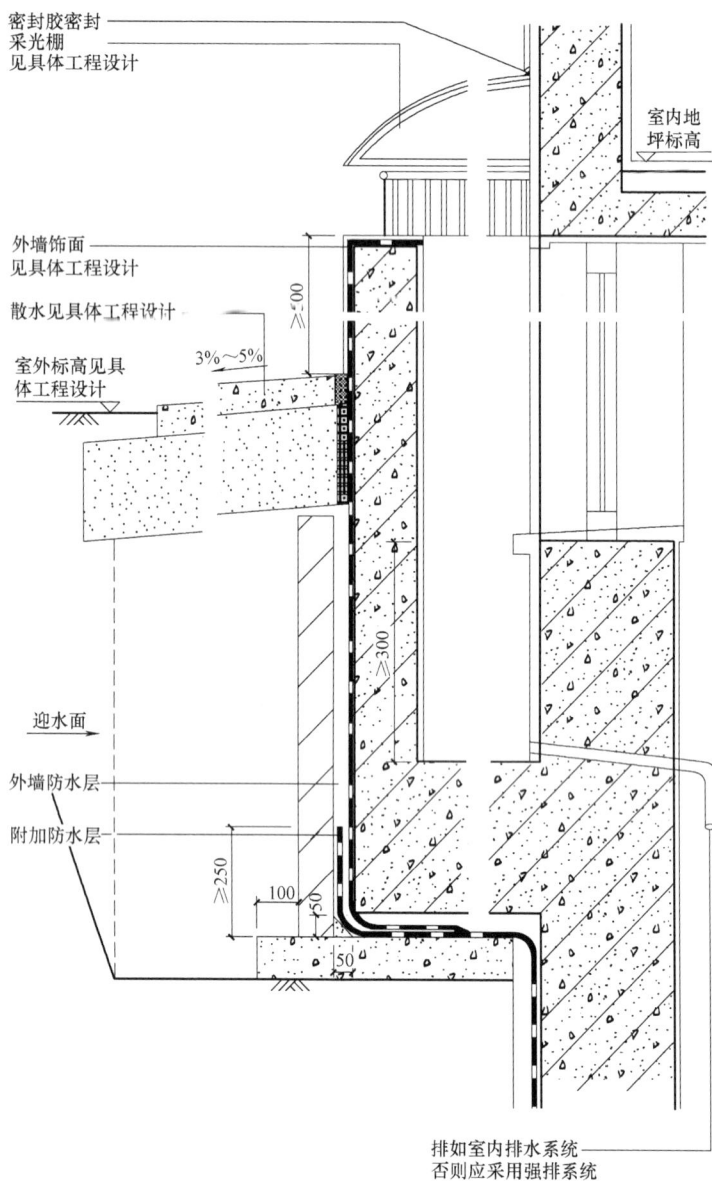

密封胶密封
采光棚
见具体工程设计

室内地坪标高

外墙饰面
见具体工程设计

散水见具体工程设计

室外标高见具体工程设计

3%～5%

≥300

迎水面

外墙防水层

附加防水层

≥250

100

50

50

排如室内排水系统
否则应采用强排系统

施工工艺说明	窗井外侧基层清理干净、平整,涂刷界面剂,做防水层及防水保护层,采用 3∶7 灰土回填夯实,并向外侧找坡。
施工控制要点	外墙卷材保护层宜采用软质保护材料或铺抹 20mm 厚 1∶2.5 水泥砂浆;阴阳角、变形缝、施工缝及穿墙管处增加防水附加层,防水附加层宽度不小 500mm。卷材高出室外地坪不得小于 500mm,收头采用密封材料封堵。
质量常见问题	阴阳角处应做成圆弧或 45°坡角,其尺寸应根据卷材品种确定;窗井内的底板应低于窗下缘 300mm。窗井墙高出室外地面不得小于 500mm;窗井外地面应做散水,散水与墙面间应采用密封材料嵌填。
施工注意事项	防水层完工后,应避免在其上凿孔打洞;当下道工序或相邻工程施工时,对已完工的防水层应采取保护措施,防止损坏;铺贴卷材严禁在雨天、雪天、五级及以上大风中施工;冷粘法、自粘法施工的环境气温不宜低于 5℃,热熔法、焊接法施工的环境气温不宜低于 -10℃。施工过程中下雨或下雪时,应做好已铺卷材的防护工作。密封材料嵌填应密实、连续、饱满,粘结牢固。

010140　窗井与主体结构断开

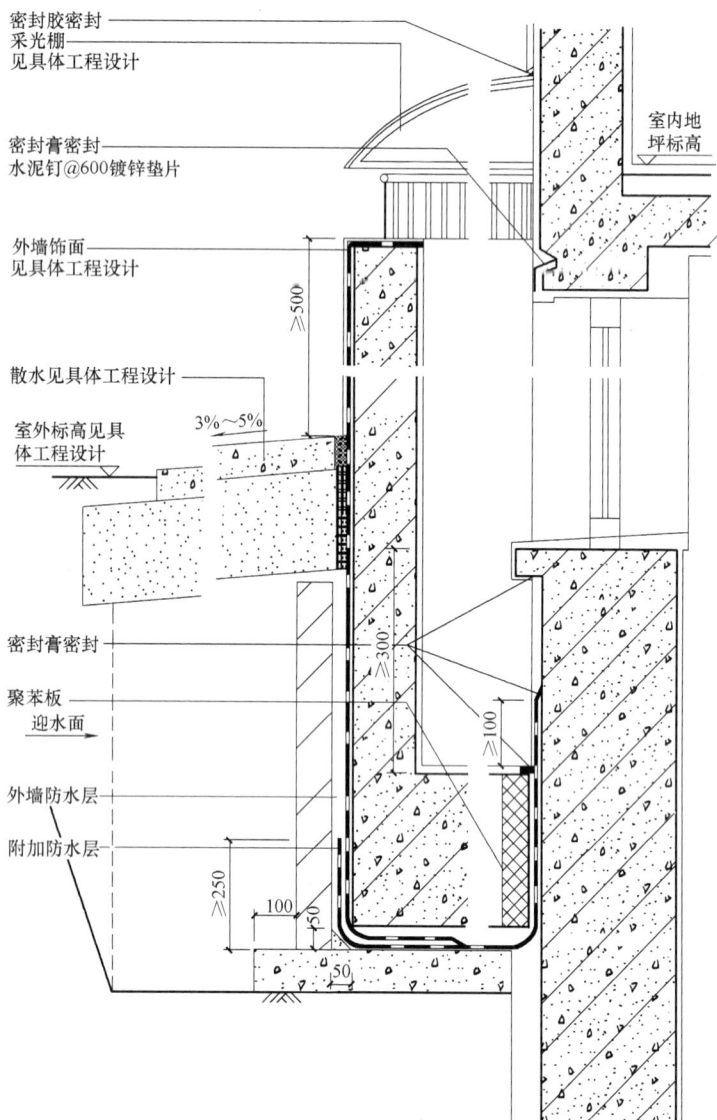

密封胶密封
采光棚
见具体工程设计

室内地
坪标高

密封膏密封
水泥钉@600镀锌垫片

外墙饰面
见具体工程设计

≥500

散水见具体工程设计

室外标高见具
体工程设计

3%～5%

密封膏密封

聚苯板
迎水面

外墙防水层

附加防水层

≥300

≥100

≥250

100

50

50

施工工艺说明	窗井外侧基层清理干净、平整,涂刷界面剂,做防水层及防水保护层,采用3∶7灰土回填夯实,并向外侧找坡。
施工控制要点	外墙卷材收头至窗台下口,采用密封膏密封;窗井与结构连接处采用聚苯板;外墙卷材保护层宜采用软质保护材料或铺抹20mm厚1∶2.5水泥砂浆;阴阳角、变形缝、施工缝及穿墙管处增加防水附加层,防水附加层宽度不小500mm。卷材高出室外地坪不得小于500mm,收头采用密封材料封堵。
质量常见问题	阴阳角处应做成圆弧或45°坡角,其尺寸应根据卷材品种确定;窗井内的底板应低于窗下缘300mm。窗井墙高出室外地面不得小于500mm;窗井外地面应做散水,散水与墙面间应采用密封材料嵌填。
施工注意事项	防水层完工后,应避免在其上凿孔打洞;当下道工序或相邻工程施工时,对已完工的防水层应采取保护措施,防止损坏;铺贴卷材严禁在雨天、雪天、五级及以上大风中施工;冷粘法、自粘法施工的环境气温不宜低于5℃,热熔法、焊接法施工的环境气温不宜低于-10℃。施工过程中下雨或下雪时,应做好已铺卷材的防护工作。密封材料嵌填应密实、连续、饱满,粘结牢固。

010141　底板厚度小于 300 变形缝

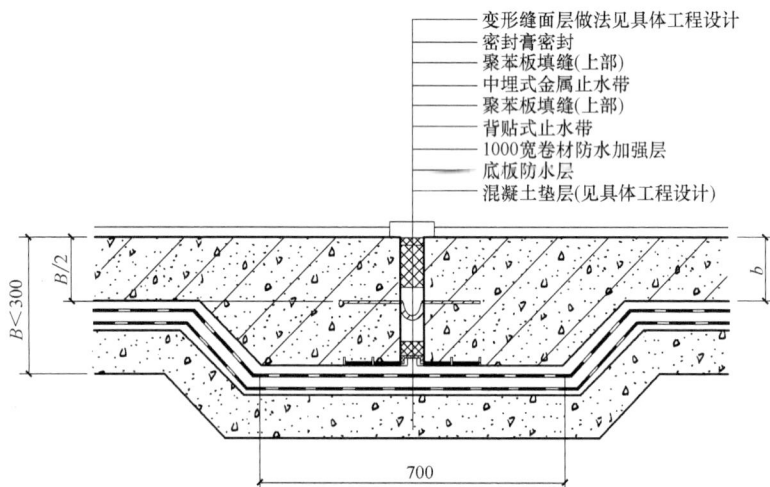

变形缝面层做法见具体工程设计
密封膏密封
聚苯板填缝(上部)
中埋式金属止水带
聚苯板填缝(上部)
背贴式止水带
1000宽卷材防水加强层
底板防水层
混凝土垫层(见具体工程设计)

$B<300$
$B/2$
b
700

施工工艺说明	中埋式止水带埋设应准确,其中间空心圆环应与变形缝的中心线重合;止水带应固定,底板内止水带应成盆状安设;中埋式止水带先施工一侧混凝土时,其端模应支撑牢固,并应严防漏浆。密封材料嵌填施工时,缝内两侧基面应平整干净、干燥,并应刷涂与密封材料相容的基层处理剂;嵌缝底部应设置背衬材料;嵌填应密实、连续、饱满,并应粘结牢固。
施工控制要点	变形缝位置增加一道 1000 宽卷材防水加强层;变形缝处混凝土结构的厚度不应小于300mm;小于 300mm 需要局部加厚处理,局部加厚底宽为 700mm,与结构底板成 45°;变形缝的宽度宜为 20~30mm。
质量常见问题	变形缝用止水带、填缝材料和密封材料必须符合设计要求。接头宜采用热压焊接,接缝处应平整、牢固,不得有裂口和脱胶现象。
施工注意事项	中埋式止水带在转弯处应做成圆弧形;外贴式止水带在变形缝与施工缝相交部位宜采用十字配件;变形缝用外贴式止水带的转角部位宜采用直角配件。变形缝处表面粘贴卷材或涂刷涂料前,应在缝上设置隔离层和加强层。1000 宽卷材防水加强层厚度,改性沥青类防水卷材 ≥3mm;高分子防水卷材 ≥1.2mm。

010142　底板厚度大于等于 300 变形缝

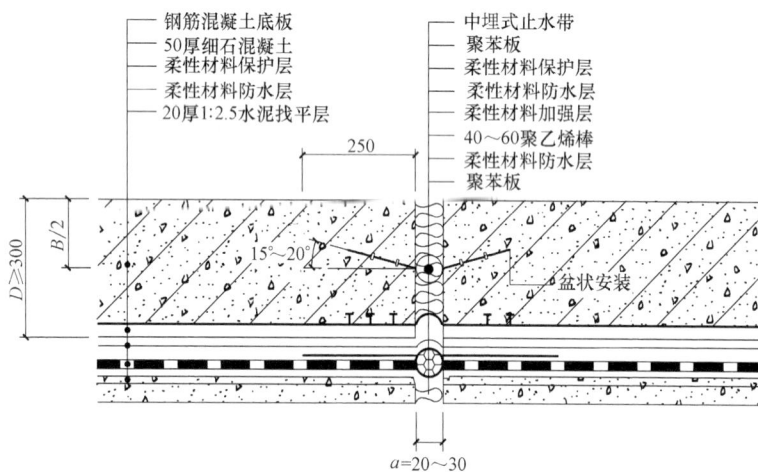

施工工艺说明	中埋式止水带埋设应准确,其中间空心圆环应与变形缝的中心线重合;止水带应固定,底板内止水带应成盆状安设;中埋式止水带先施工一侧混凝土时,其端模应支撑牢固,并应严防漏浆。密封材料嵌填施工时,缝内两侧基面应平整干净、干燥,并应刷涂与密封材料相容的基层处理剂;嵌缝底部应设置背衬材料;嵌填应密实、连续、饱满,并应粘结牢固。
施工控制要点	变形缝位置加设泡沫塑料棒$\phi30\sim\phi60$,并增加一道 1000mm 宽卷材防水加强层;变形缝的宽度宜为 20~30mm。
质量常见问题	变形缝用止水带、填缝材料和密封材料必须符合设计要求。接头宜采用热压焊接,接缝处应平整、牢固,不得有裂口和脱胶现象。
施工注意事项	中埋式止水带在转弯处应做成圆弧形;外贴式止水带在变形缝与施工缝相交部位宜采用十字配件;变形缝用外贴式止水带的转角部位宜采用直角配件。变形缝处表面粘贴卷材或涂刷涂料前,应在缝上设置隔离层和加强层。1000 宽卷材防水加强层厚度,改性沥青类防水卷材 $\geqslant$3mm;高分子防水卷材 $\geqslant$1.2mm。

010143 顶板变形缝

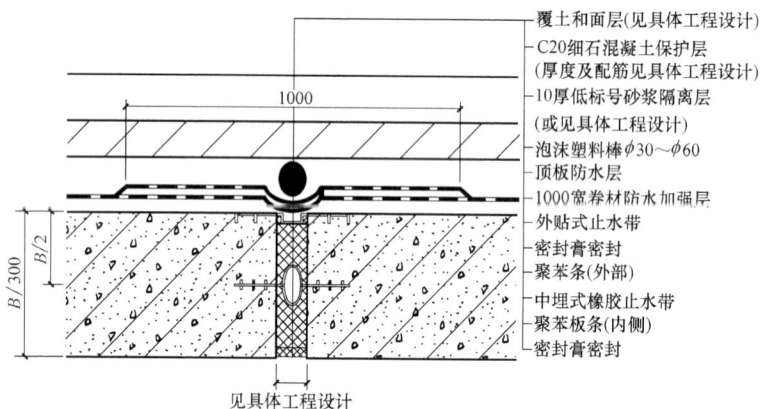

覆土和面层(见具体工程设计)
C20细石混凝土保护层
(厚度及配筋见具体工程设计)
10厚低标号砂浆隔离层
(或见具体工程设计)
泡沫塑料棒$\phi30\sim\phi60$
顶板防水层
1000宽卷材防水加强层
外贴式止水带
密封膏密封
聚苯条(外部)
中埋式橡胶止水条
聚苯板条(内侧)
密封膏密封

1000

B/2

B/300

见具体工程设计

施工工艺说明	中埋式止水带埋设应准确,其中间空心圆环应与变形缝的中心线重合;止水带应固定,顶板内止水带应成盆状安设;中埋式止水带先施工一侧混凝土时,其端模应支撑牢固,并应严防漏浆。密封材料嵌填施工时,缝内两侧基面应平整干净、干燥,并应刷涂与密封材料相容的基层处理剂;嵌缝底部应设置背衬材料;嵌填应密实、连续、饱满,并应粘结牢固。
施工控制要点	变形缝位置加设泡沫塑料棒 $\phi30 \sim \phi60$,并增加一道 1000 宽卷材防水加强层;变形缝的宽度宜为 $20 \sim 30mm$。
质量常见问题	变形缝用止水带、填缝材料和密封材料必须符合设计要求。接头宜采用热压焊接,接缝处应平整、牢固,不得有裂口和脱胶现象。
施工注意事项	中埋式止水带在转弯处应做成圆弧形;外贴式止水带在变形缝与施工缝相交部位宜采用十字配件;变形缝用外贴式止水带的转角部位宜采用直角配件。变形缝处表面粘贴卷材或涂刷涂料前,应在缝上设置隔离层和加强层。1000mm 宽卷材防水加强层厚度,改性沥青类防水卷材 $\geqslant3mm$;高分子防水卷材 $\geqslant1.2mm$。

010144　中埋式止水带与可卸式止水带

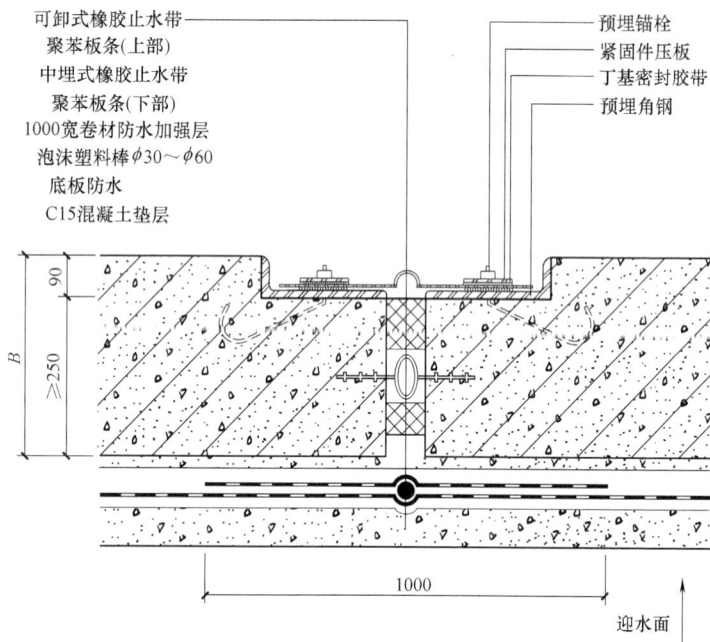

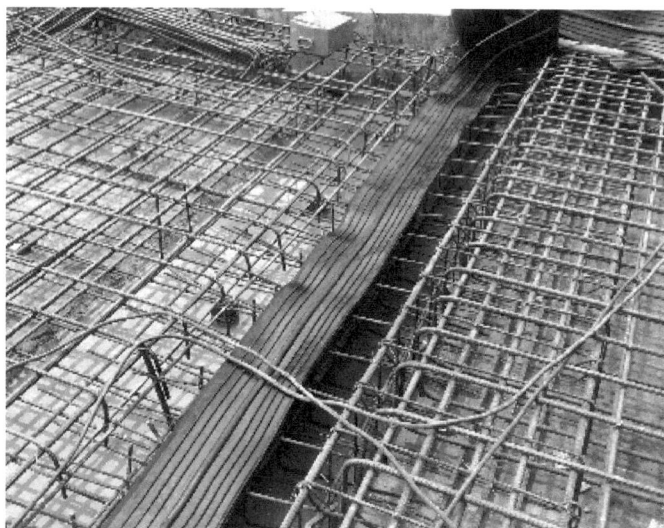

可卸式橡胶止水带 ——
聚苯板条(上部)
中埋式橡胶止水带
聚苯板条(下部)
1000宽卷材防水加强层
泡沫塑料棒$\phi 30 \sim \phi 60$
底板防水
C15混凝土垫层

预埋锚栓
紧固件压板
丁基密封胶带
预埋角钢

90
B
≥250

1000

迎水面

施工工艺说明	中埋式止水带埋设应准确,其中间空心圆环应与变形缝的中心线重合;止水带应固定,底板内止水带应成盆状安设;中埋式止水带先施工一侧混凝土时,其端模应支撑牢固,并应严防漏浆。可卸式止水带所需配件应一次配齐;转角处应做成45°折角,并应增加紧固件的数量。密封材料嵌填施工时,缝内两侧基面应平整干净、干燥,并应刷涂与密封材料相容的基层处理剂;嵌缝底部应设置背衬材料;嵌填应密实连续、饱满,并应粘结牢固。
施工控制要点	变形缝位置加设一道1000宽卷材防水加强层,并增加泡沫塑料棒$\phi30\sim\phi60$;变形缝的宽度宜为20~30mm。
质量常见问题	变形缝用止水带、填缝材料和密封材料必须符合设计要求。中埋式橡胶止水带接头宜采用热压焊接,接缝处应平整、牢固,不得有裂口和脱胶现象。
施工注意事项	中埋式止水带在转弯处应做成圆弧形;变形缝处表面粘贴卷材或涂刷涂料前,应在缝上设置隔离层和加强层。1000mm宽卷材防水加强层厚度,改性沥青类防水卷材≥3mm;高分子防水卷材≥1.2mm。

010145 外墙变形缝

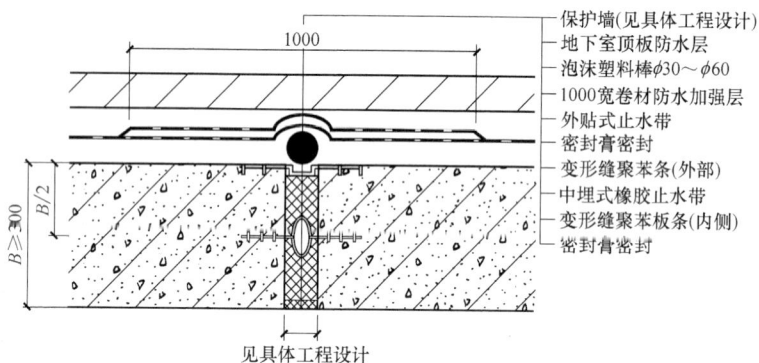

保护墙(见具体工程设计)
地下室顶板防水层
泡沫塑料棒$\phi30\sim\phi60$
1000宽卷材防水加强层
外贴式止水带
密封膏密封
变形缝聚苯条(外部)
中埋式橡胶止水带
变形缝聚苯板条(内侧)
密封膏密封

1000

$B\geqslant300$

$B/2$

见具体工程设计

外墙变形缝

施工工艺说明	中埋式止水带埋设应准确,其中间空心圆环应与变形缝的中心线重合;止水带应固定,底板内止水带应成盆状安设;中埋式止水带先施工一侧混凝土时,其端模应支撑牢固,并应严防漏浆。可卸式止水带所需配件应一次配齐;转角处应做成45°折角,并应增加紧固件的数量。密封材料嵌填施工时,缝内两侧基面应平整干净、干燥,并应刷涂与密封材料相容的基层处理剂;嵌缝底部应设置背衬材料;嵌填应密实连续、饱满,并应粘结牢固。
施工控制要点	变形缝位置加设泡沫塑料棒$\phi 30 \sim \phi 60$,并增加一道1000mm宽卷材防水加强层;变形缝的宽度宜为$20 \sim 30$mm。
质量常见问题	变形缝用止水带、填缝材料和密封材料必须符合设计要求。接头宜采用热压焊接,接缝处应平整、牢固,不得有裂口和脱胶现象。
施工注意事项	中埋式止水带在转弯处应做成圆弧形;外贴式止水带在变形缝与施工缝相交部位宜采用十字配件;变形缝用外贴式止水带的转角部位宜采用直角配件。变形缝处表面粘贴卷材或涂刷涂料前,应在缝上设置隔离层和加强层。1000mm宽卷材防水加强层厚度,改性沥青类防水卷材$\geqslant 3$mm;高分子防水卷材$\geqslant 1.2$mm。

010146　外墙中埋式钢板止水带

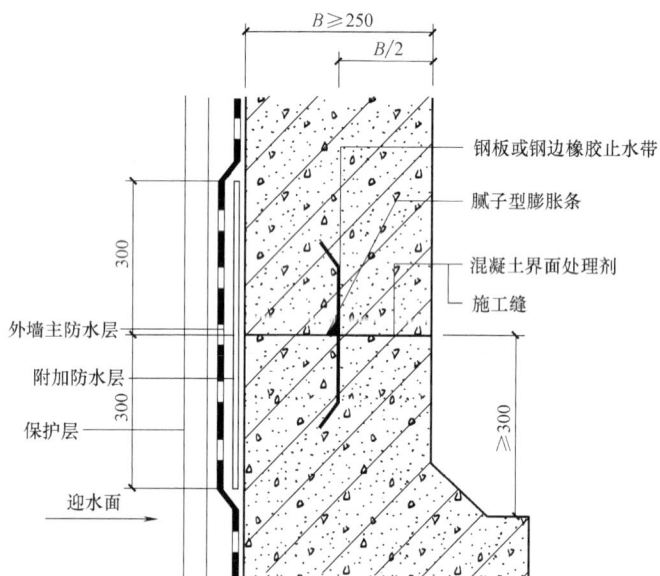

- 钢板或钢边橡胶止水带
- 腻子型膨胀条
- 混凝土界面处理剂
- 施工缝

- 外墙主防水层
- 附加防水层
- 保护层
- 迎水面

施工工艺说明	中埋式止水带埋设位置应准确,施工缝处涂刷混凝土界面剂及腻子型止水条。
施工控制要点	迎水面附加一道宽度为600mm防水层,附加防水层可选择材料为:有机防水涂料、水泥基渗透结晶型防水涂料、聚合物水泥砂浆防水涂料;钢板止水带宽度为250~350mm,厚度为2~3mm,两端端头做30°角,直长30mm。
质量常见问题	在施工缝处继续浇筑混凝土时,已浇筑的混凝土抗压强度不应小于1.2MPa;施工缝浇筑混凝土前,应将其表面浮浆和杂物清理干净,再涂刷混凝土界面剂。
施工注意事项	墙体水平施工缝应留设在高出底板表面不小于300mm的墙体上。拱、板与墙结合的水平施工缝,宜留在拱、板与墙交接处以下150~300mm处;垂直施工缝应避开地下水和裂隙水较多的地段,并宜与变形缝相结合;腻子型膨胀条应与施工缝基面及钢板面应密贴。

010147 丁基橡胶钢板止水带

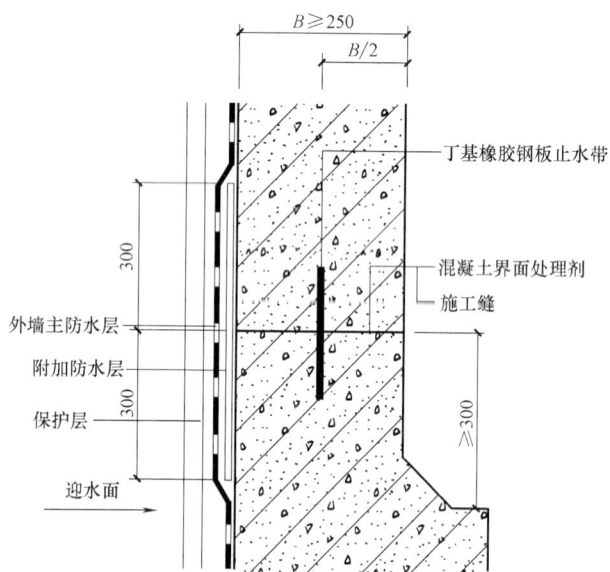

外墙主防水层

附加防水层

保护层

迎水面

丁基橡胶钢板止水带

混凝土界面处理剂

施工缝

施工工艺说明	中埋式止水带埋设位置应准确,施工缝处涂刷混凝土界面剂。
施工控制要点	迎水面附加一道宽度为 600mm 防水层,附加防水层可选择材料为:有机防水涂料、水泥基渗透结晶型防水涂料、聚合物水泥砂浆防水涂料;丁基橡胶钢板止水带宽度为 250mm,厚度为 4.6～6.6mm,内侧镀锌钢板为 0.4mm× 230mm,丁基橡胶腻子两边各 2～3mm。
质量常见问题	在施工缝处继续浇筑混凝土时,已浇筑的混凝土抗压强度不应小于 1.2MPa;施工缝浇筑混凝土前,应将其表面浮浆和杂物清理干净,再涂刷混凝土界面剂。
施工注意事项	墙体水平施工缝应留设在高出底板表面不小于 300mm 的墙体上。拱、板与墙结合的水平施工缝,宜留在拱、板与墙交接处以下 150～300mm 处;垂直施工缝应避开地下水和裂隙水较多的地段,并宜与变形缝相结合。

010148 中埋式橡胶止水带

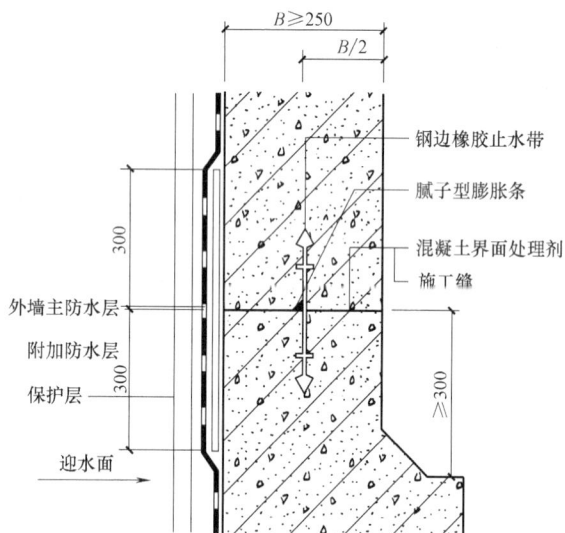

钢边橡胶止水带

腻子型膨胀条

混凝土界面处理剂

施工缝

外墙主防水层

附加防水层

保护层

迎水面

施工工艺说明	中埋式止水带埋设应准确,其中间空心圆环应与变形缝的中心线重合;施工缝处涂刷混凝土界面处理剂。
施工控制要点	迎水面附加一道宽度为600mm防水层,附加防水层可选择材料为:有机防水涂料、水泥基渗透结晶型防水涂料、聚合物水泥砂浆防水涂料;中埋式橡胶止水带宽度≥250mm。
质量常见问题	在施工缝处继续浇筑混凝土时,已浇筑的混凝土抗压强度不应小于1.2MPa;施工缝浇筑混凝土前,应将其表面浮浆和杂物清理干净,再涂刷混凝土界面剂。
施工注意事项	墙体水平施工缝应留设在高出底板表面不小于300mm的墙体上。拱、板与墙结合的水平施工缝,宜留在拱、板与墙交接处以下150～300mm处;垂直施工缝应避开地下水和裂隙水较多的地段,并宜与变形缝相结合。

010149 外贴式橡胶止水带

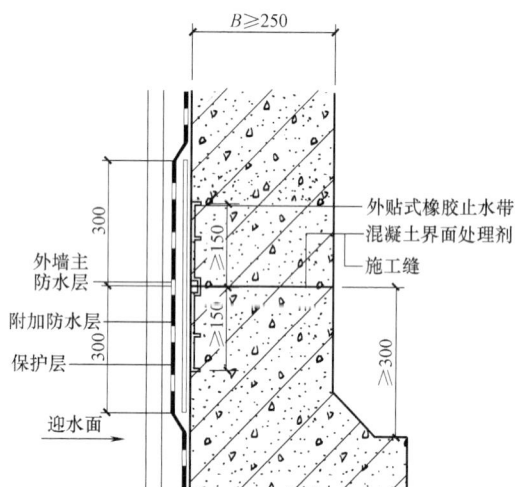

施工工艺说明	外贴式止水带埋设位置应准确,固定应牢靠;施工缝处涂刷混凝土界面剂。
施工控制要点	迎水面附加一道宽度为 600mm 防水层,附加防水层可选择材料为:有机防水涂料、水泥基渗透结晶型防水涂料、聚合物水泥砂浆防水涂料;外贴式橡胶止水带宽度≥300mm。
质量常见问题	在施工缝处继续浇筑混凝土时,已浇筑的混凝土抗压强度不应小于 1.2MPa;施工缝浇筑混凝土前,应将其表面浮浆和杂物清理干净,再涂刷混凝土界面处理剂。
施工注意事项	墙体水平施工缝应留设在高出底板表面不小于 300mm 的墙体上。拱、板与墙结合的水平施工缝,宜留在拱、板与墙交接处以下 150～300mm 处;垂直施工缝应避开地下水和裂隙水较多的地段,并宜与变形缝相结合。

010150　遇水膨胀止水条与砂浆复合止水

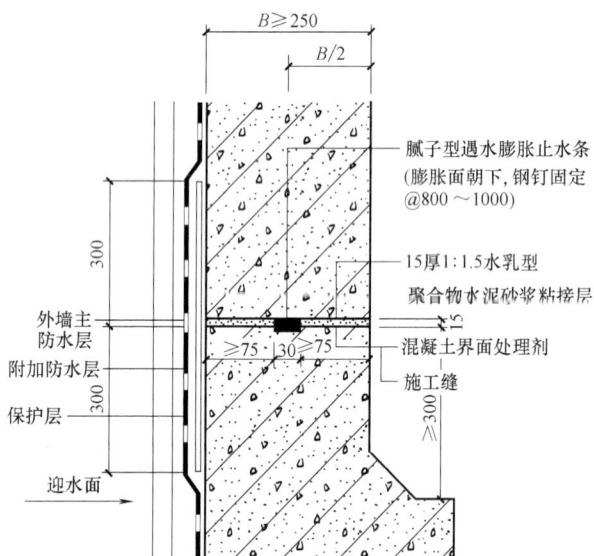

外墙主
防水层

附加防水层

保护层

迎水面

300

300

$B \geqslant 250$

$B/2$

腻子型遇水膨胀止水条
(膨胀面朝下,钢钉固定
@800～1000)

15厚1:1.5水乳型
聚合物水泥砂浆粘接层

混凝土界面处理剂

施工缝

$\geqslant 75$　30　$\geqslant 75$

$\geqslant 300$

15

施工工艺说明	施工缝处涂刷混凝土界面剂；抹 15 厚 1∶1.5 水乳型聚合物水泥砂浆粘结层；遇水膨胀止水条应具有缓膨胀性能；遇水膨胀止水条埋设墙中线位置，并应牢固地安装在缝表面或预留凹槽内。
施工控制要点	遇水膨胀止水条膨胀面朝下，钢钉固定@800～1000mm；迎水面附加一道宽度为600mm 防水层，附加防水层可选择材料为：有机防水涂料、水泥基渗透结晶型防水涂料、聚合物水泥砂浆防水涂料。
质量常见问题	止水条与施工缝墙体水平施工缝应留设在高出底板表面不小于 300mm 的墙上。拱、板与墙结合的水平施工缝，宜留在拱、板与墙交接处以下 150～300mm 处；垂直施工缝应避开地下水和裂隙水较多的地段，并宜与变形缝相结合。
施工注意事项	止水条与施工缝墙体水平施工缝应留设在高出底板表面不小于 300mm 的墙上。拱、板与墙结合的水平施工缝，宜留在拱、板与墙交接处以下 150～300mm 处；垂直施工缝应避开地下水和裂隙水较多的地段，并宜与变形缝相结合。

010151 遇水膨胀止水条

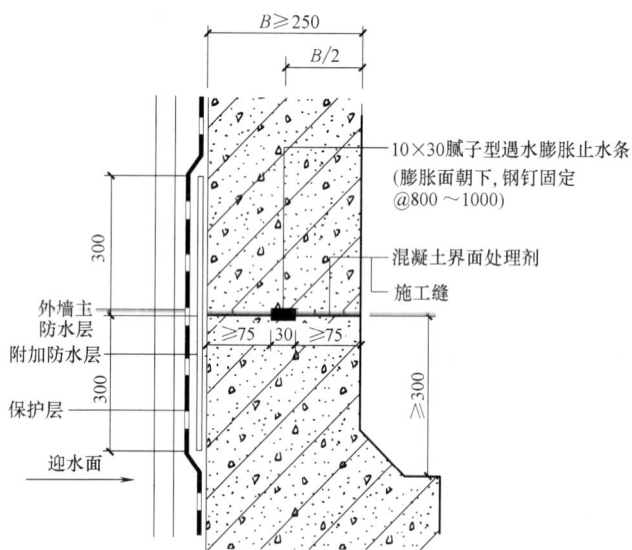

标注说明：
- B≥250
- B/2
- 10×30腻子型遇水膨胀止水条(膨胀面朝下，钢钉固定@800～1000)
- 混凝土界面处理剂
- 施工缝
- 外墙主防水层
- 附加防水层
- 保护层
- 迎水面
- 300
- 300
- ≥75 | 30 | ≥75
- ≥300

施工工艺说明	施工缝处涂刷混凝土界面剂;遇水膨胀止水条应具有缓膨胀性能;遇水膨胀止水条埋设墙中线位置,并应牢固地安装在缝表面或预留凹槽内。
施工控制要点	遇水膨胀止水条膨胀面朝下,钢钉固定@800~1000mm;迎水面附加一道宽度为600mm 防水层,附加防水层可选择材料为:有机防水涂料、水泥基渗透结晶型防水涂料、聚合物水泥砂浆防水涂料。
质量常见问题	在施工缝处继续浇筑混凝土时,已浇筑的混凝土抗压强度不应小于 1.2MPa;施工缝浇筑混凝土前,应将其表面浮浆和杂物清理干净,再涂刷混凝土界面处理剂;止水条与施工缝基面应密贴,中间不得有空鼓、脱离等现象。
施工注意事项	墙体水平施工缝应留设在高出底板表面不小于 300mm 的墙体上。拱、板与墙结合的水平施工缝,宜留在拱、板与墙交接处以下 150~300mm 处;垂直施工缝应避开地下水和裂隙水较多的地段,并宜与变形缝相结合。

010152　超前止水底板后浇带防水构造

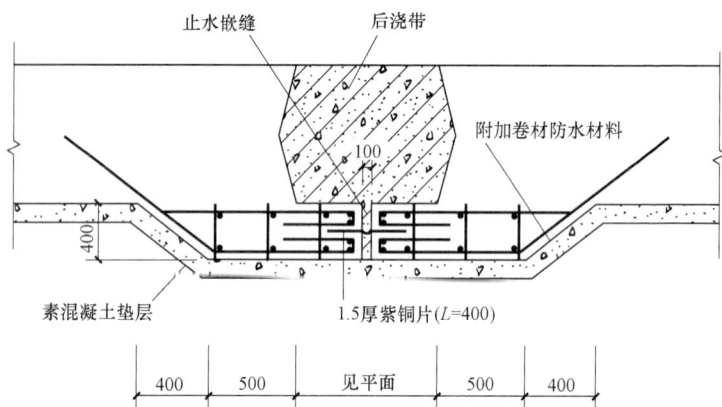

止水嵌缝　　后浇带

附加卷材防水材料

100

400

素混凝土垫层　　1.5厚紫铜片（*L*=400）

400　500　见平面　500　400

施工工艺说明	后浇带应采用补偿收缩混凝土浇筑,其抗渗和抗压强度等级不应低于两侧混凝土;后浇带应设在受力和变形较小的部位,其间距和位置应按结构设计要求确定,宽度宜为700~1000mm;后浇带两侧可做成平直缝或阶梯缝。
施工控制要点	后浇带混凝土应一次浇筑,不得留设施工缝;混凝土浇筑后应及时养护,养护时间不得少于28d;后浇带位置增设一道防水加强层,宜直接施工于结构混凝土面;底板中线位置设置丁基钢板止水带。
质量常见问题	后浇带混凝土施工前,后浇带部位和外贴式止水带应防止落入杂物和损伤外贴止水带;后浇带两侧的接缝做界面剂处理。
施工注意事项	超前止水后浇带部位的混凝土应局部加厚,并应增设外贴式或中埋式止水带;采用膨胀剂拌制补偿收缩混凝土时,应按配合比准确计量;后浇带应在其两侧混凝土龄期达到42d后(或按照设计规定时间)再施工;高层建筑的后浇带施工应按规定时间进行;防水加强层可选用:2厚合成高分子防水涂料,其延伸率要求不小于200%、2厚自粘橡胶改性沥青防水卷材,采用水泥砂浆粘贴、符合要求的聚乙烯丙纶防水卷材,用聚合物水泥防水砂浆粘贴。

010153 外墙后浇带防水构造

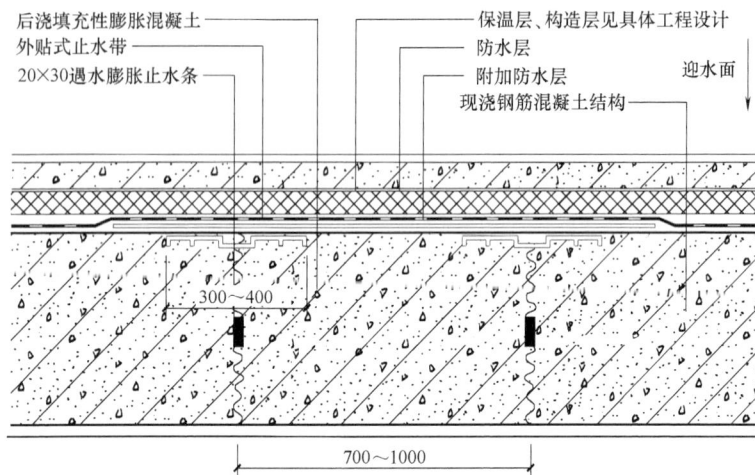

后浇填充性膨胀混凝土
外贴式止水带
20×30遇水膨胀止水条

保温层、构造层见具体工程设计
防水层
附加防水层
现浇钢筋混凝土结构
迎水面

300~400

700~1000

施工工艺说明	后浇带应采用补偿收缩混凝土浇筑,其抗渗和抗压强度等级不应低于两侧混凝土;后浇带应设在受力和变形较小的部位,其间距和位置应按结构设计要求确定,宽度宜为700～1000mm;后浇带两侧可做成平直缝或阶梯缝。
施工控制要点	后浇带混凝土应一次浇筑,不得留设施工缝;混凝土浇筑后应及时养护,养护时间不得少于28d;后浇带位置增设一道防水加强层,宜直接施工于结构混凝土面;外墙中线位置设置20mm×30mm遇水膨胀橡胶止水条。
质量常见问题	后浇带混凝土施工前,后浇带部位和外贴式止水带应防止落入杂物和损伤外贴止水带;后浇带两侧的接缝做界面剂处理。
施工注意事项	采用膨胀剂拌制补偿收缩混凝土时,应按配合比准确计量;后浇带应在其两侧混凝土龄期达到42d后在施工;高层建筑的后浇带施工应按规定时间进行;防水加强层可选用:2厚合成高分子防水涂料,其延伸率要求不小于200%;2厚自粘橡胶改性沥青防水卷材,采用水泥砂浆粘贴;符合要求的聚乙烯丙纶防水卷材,用聚合物水泥防水砂浆粘贴。

010154 底板后浇带防水构造

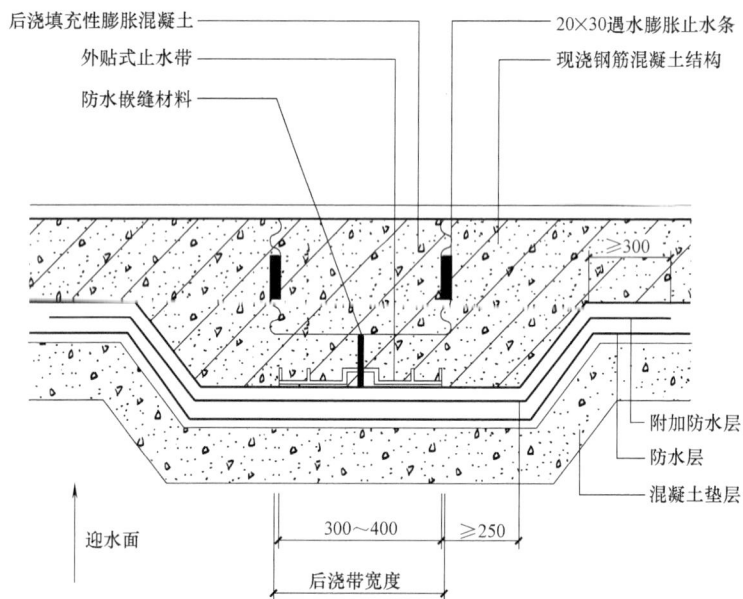

后浇填充性膨胀混凝土

外贴式止水带

防水嵌缝材料

20×30遇水膨胀止水条

现浇钢筋混凝土结构

≥300

附加防水层

防水层

混凝土垫层

迎水面

300～400

≥250

后浇带宽度

施工工艺说明	后浇带应采用补偿收缩混凝土浇筑,其抗渗和抗压强度等级不应低于两侧混凝土;后浇带应设在受力和变形较小的部位,其间距和位置应按结构设计要求确定,宽度宜为700~1000mm;后浇带两侧可做成平直缝或阶梯缝。
施工控制要点	后浇带混凝土应一次浇筑,不得留设施工缝;混凝土浇筑后应及时养护,养护时间不得少于28d;后浇带位置增设一道防水加强层,宜直接施工于结构混凝土面;底板中线位置设置20mm×30mm遇水膨胀橡胶止水条。
质量常见问题	后浇带混凝土施工前,后浇带部位和外贴式止水带应防止落入杂物和损伤外贴止水带;后浇带两侧的接缝做界面剂处理。
施工注意事项	采用膨胀剂拌制补偿收缩混凝土时,应按配合比准确计量;后浇带应在其两侧混凝土龄期达到42d后在施工;高层建筑的后浇带施工应按规定时间进行;防水加强层可选用:2厚合成高分子防水涂料,其延伸率要求不小于200%;2厚自粘橡胶改性沥青防水卷材,采用水泥砂浆粘贴;符合要求的聚乙烯丙纶防水卷材,用聚合物水泥防水砂浆粘贴。

010155 遇水膨胀止水条配合外贴止水带顶板后浇带

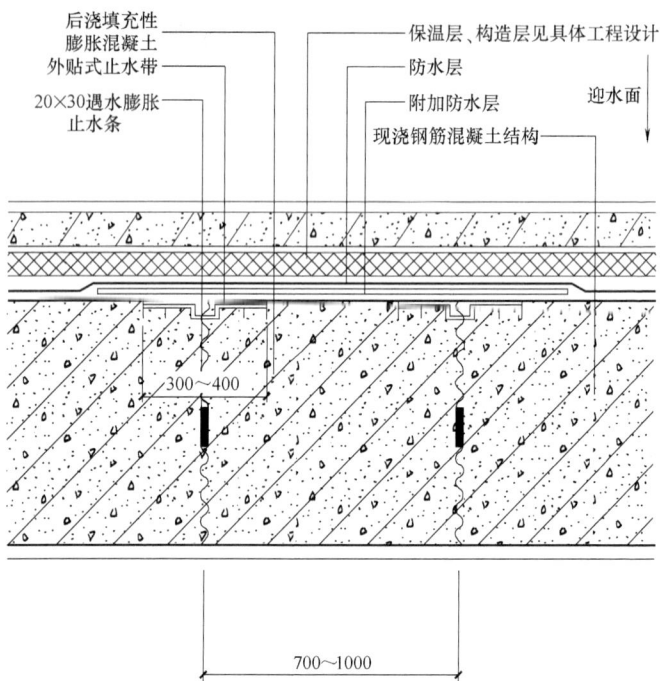

后浇填充性
膨胀混凝土
外贴式止水带
20×30遇水膨胀
止水条

保温层、构造层见具体工程设计
防水层
附加防水层
现浇钢筋混凝土结构
迎水面

300~400

700~1000

施工工艺说明	后浇带应采用补偿收缩混凝土浇筑,其抗渗和抗压强度等级不应低于两侧混凝土;后浇带应设在受力和变形较小的部位,其间距和位置应按结构设计要求确定,宽度宜为700~1000mm;后浇带两侧可做成平直缝或阶梯缝。
施工控制要点	后浇带混凝土应一次浇筑,不得留设施工缝;混凝土浇筑后应及时养护,养护时间不得少于28d;后浇带位置增设一道防水加强层,宜直接施工于结构混凝土面;顶板中线位置设置20mm×30mm遇水膨胀橡胶止水条。
质量常见问题	后浇带混凝土施工前,后浇带部位和外贴式止水带应防止落入杂物和损伤外贴止水带;后浇带两侧的接缝做界面剂处理。外贴式止水带宽度为300~400mm。
施工注意事项	采用膨胀剂拌制补偿收缩混凝土时,应按配合比准确计量;后浇带应在其两侧混凝土龄期达到42d后在施工;高层建筑的后浇带施工应按规定时间进行;防水加强层可选用:2厚合成高分子防水涂料,其延伸率要求不小于200%;2厚自粘橡胶改性沥青防水卷材,采用水泥砂浆粘贴;符合要求的聚乙烯丙纶防水卷材,用聚合物水泥防水砂浆粘贴。

010156　丁基钢板配合外贴止水带顶板后浇带

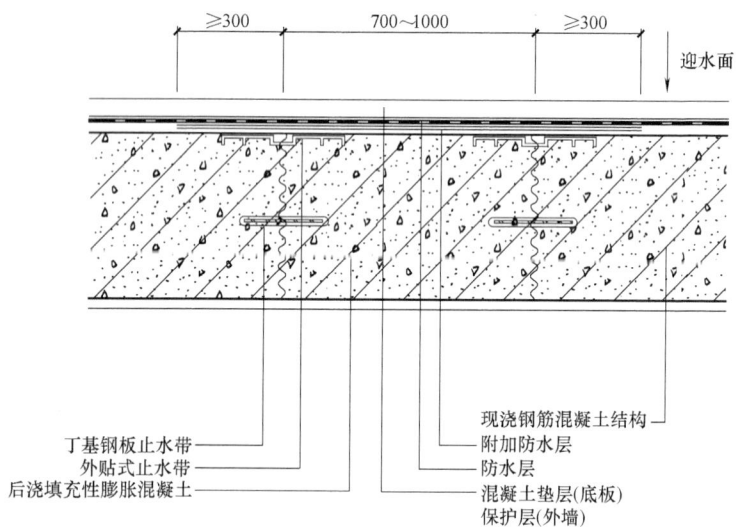

- 丁基钢板止水带
- 外贴式止水带
- 后浇填充性膨胀混凝土
- 现浇钢筋混凝土结构
- 附加防水层
- 防水层
- 混凝土垫层(底板)
- 保护层(外墙)

施工工艺说明	后浇带应采用补偿收缩混凝土浇筑,其抗渗和抗压强度等级不应低于两侧混凝土;后浇带应设在受力和变形较小的部位,其间距和位置应按结构设计要求确定,宽度宜为700～1000mm;后浇带两侧可做成平直缝或阶梯缝。
施工控制要点	后浇带混凝土应一次浇筑,不得留设施工缝;混凝土浇筑后应及时养护,养护时间不得少于28d;后浇带位置增设一道防水加强层,宜直接施工于结构混凝土面;底板中线位置设置丁基钢板止水带。
质量常见问题	后浇带混凝土施工前,后浇带部位和外贴式止水带应防止落入杂物和损伤外贴止水带;后浇带两侧的接缝做界面剂处理。
施工注意事项	采用膨胀剂拌制补偿收缩混凝土时,应按配合比准确计量;后浇带应在其两侧混凝土龄期达到42d后施工;高层建筑的后浇带施工应按规定时间进行;防水加强层可选用:2厚合成高分子防水涂料,其延伸率要求不小于200%;2厚自粘橡胶改性沥青防水卷材,采用水泥砂浆粘贴;符合要求的聚乙烯丙纶防水卷材,用聚合物水泥防水砂浆粘贴。

010157　墙体预埋螺栓处防水做法

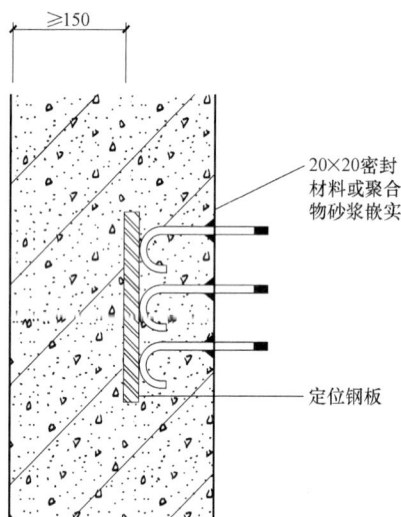

20×20密封材料或聚合物砂浆嵌实

定位钢板

施工工艺说明	埋设件应位置准确,固定牢靠;埋设件应进行防腐处理。
施工控制要点	埋设件端部的混凝土厚度不得小于150mm;结构迎水面的埋设件周围应预留凹槽,凹槽内应用密封材料填实。
质量常见问题	密封材料嵌填应密实、连续、饱满,粘结牢固;预留孔、槽内的防水层应与主体防水层保持连续。
施工注意事项	混凝土施工时,应注意密封材料预留凹槽与预埋螺栓之间位置关系,确保密封材料或聚合物砂浆施工后与螺栓连接紧密。

010158 底板预埋钢板处防水做法

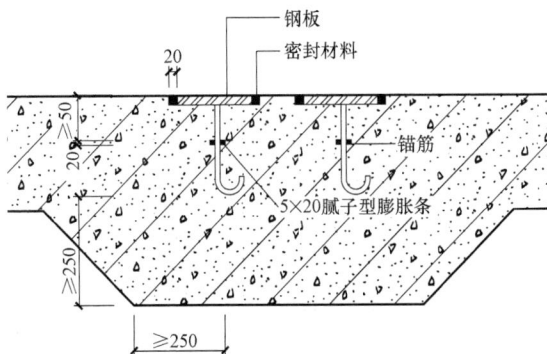

施工工艺说明	埋设件应位置准确,固定牢靠;埋设件应进行防腐处理。
施工控制要点	埋设件端部或预留孔、槽底部的混凝土厚度不得小于 250mm;当混凝土厚度小于 250mm 时,应局部加厚或采取其他防水措施;结构迎水面的埋设件周围应预留凹槽,凹槽内应用密封材料填实。
质量常见问题	密封材料嵌填应密实、连续、饱满,粘结牢固;预留孔、槽内的防水层应与主体防水层保持连续。
施工注意事项	锚筋距钢板顶面≥50mm 处,增设 5mm×20mm 腻子型膨胀条。

010159　底板预埋螺栓处防水做法

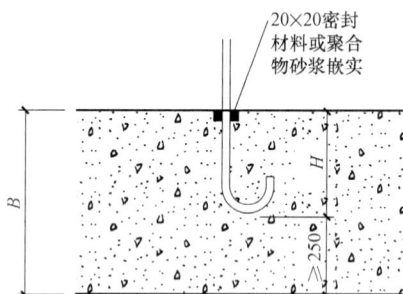

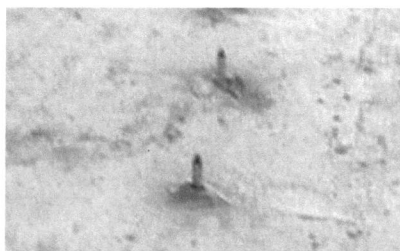

施工工艺说明	埋设件应位置准确,固定牢靠;埋设件应进行防腐处理。
施工控制要点	埋设件端部或预留孔、槽底部的混凝土厚度不得小于 250mm;当混凝土厚度小于 250mm 时,应局部加厚或采取其他防水措施;结构迎水面的埋设件周围应预留凹槽,凹槽内应用密封材料填实。
质量常见问题	密封材料嵌填应密实、连续、饱满,粘结牢固;预留孔、槽内的防水层应与主体防水层保持连续。
施工注意事项	混凝土施工时,应注意密封材料预留凹槽与预埋螺栓之间位置关系,确保密封材料或聚合物砂浆施工后与螺栓连接紧密。

010160 方形止水钢环穿墙螺栓

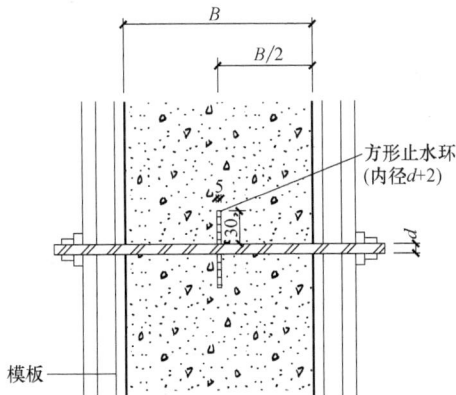

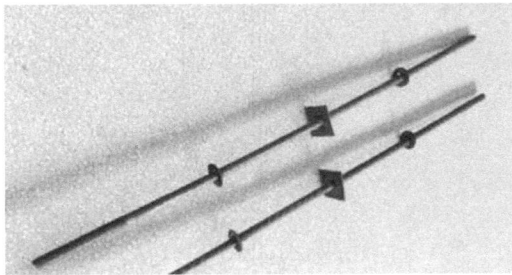

施工工艺说明	方形止水钢环设置在墙中线位置,并做好防腐蚀处理;螺栓拆除后需做防水处理。
施工控制要点	方形止水钢环:钢环边长为60+螺栓直径d,厚度5mm;迎水面增设附加防水层,防水附加层宽度≥600mm+螺栓直径d。
质量常见问题	附加层涂料嵌填应密实、连续、饱满,粘结牢固。
施工注意事项	用于固定模板的螺栓必须穿过混凝土结构时,可采用工具式螺栓或螺栓加堵头,螺栓上加焊止水环;拆模后留下的凹槽应用密封材料封堵密实,并用聚合物水泥砂浆抹平。

010161　膨润土防水构造

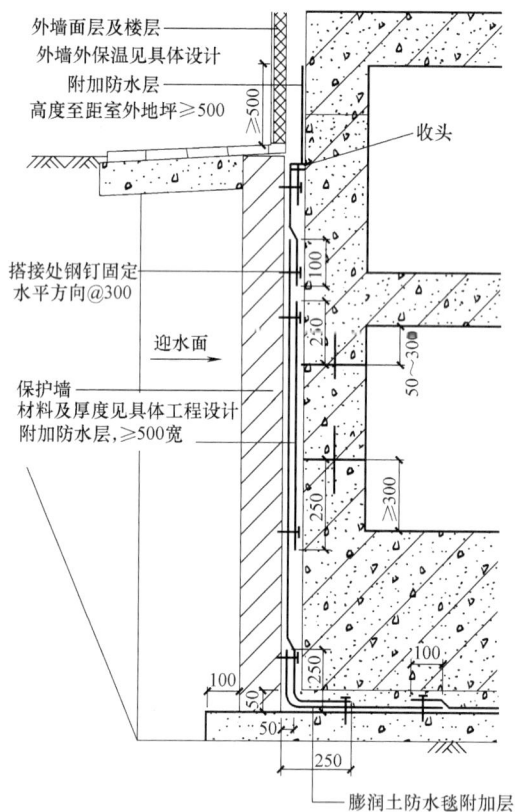

外墙面层及楼层
外墙外保温见具体设计
附加防水层
高度至距室外地坪≥500

收头

搭接处钢钉固定
水平方向@300

迎水面

保护墙
材料及厚度见具体工程设计
附加防水层，≥500宽

膨润土防水毯附加层

施工工艺说明	膨润土防水材料防水层基面应坚实、清洁，不得有明水，基面平整；基层阴阳角部位应做成直径不小于 30mm 的圆弧或 30mm×30mm 的坡角。
施工控制要点	膨润土防水材料应采用水泥钉和垫片固定，立面和斜面上的固定间距宜为 400～500mm，平面上应在搭接缝处固定。
质量常见问题	变形缝、后浇带等接缝部位应设置宽度不小于 500mm 的加强层，加强层应设置在防水层与结构外面之间；穿墙管件部位宜采用膨润土橡胶止水条、膨润土密封膏或膨润土粉进行加强处理。
施工注意事项	立面和斜面铺设膨润土防水材料时，应上层压着下层，卷材与基层、卷材与卷材之间应密贴，并应平整无褶皱；膨润土防水材料分段铺设时，应采取临时防护措施；甩槎与下幅防水材料连接时，应将收口压板、临时保护膜等去掉，并应将搭接部位清理干净；破损部位应采用与防水层相同的材料进行修补，补丁边缘与破损部位边缘的距离不应小于 100mm，膨润土防水板表面膨润土颗粒损失严重时应涂抹膨润土密封膏。

第二节　厕浴间防水

010201　基层处理要求

施工工艺说明	将基层表面上的灰皮用铲刀除掉,用笤帚将尘土、砂粒等杂物清扫干净。
施工控制要点	基层必须坚实、牢固、平整,不得有明显裂缝、蜂窝、松动、酥松起砂、起皮、倒坡和高低不平现象,裂缝和接缝必须用嵌缝材料嵌填、补平,阴阳角成圆弧形。
质量常见问题	基层应清理干净,尤其是管根、地漏和排水口等部位要仔细清理。如有油污时,应用钢丝刷和砂纸刷掉,不平出应修补处理,并做好基层清理的隐蔽验收工作。
施工注意事项	对厕浴间基层标高复核,特别注意地漏的标高正确;对地漏、管根部洞口质量要仔细检查,确保密实合格;阴阳角应做成圆弧形,并顺直、光滑。

010202 基层管根处理

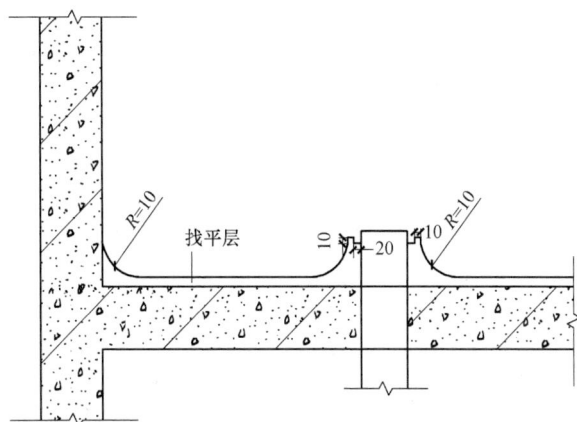

找平层

R=10   R=10

10   20   10

施工工艺说明	厕浴间管根与楼板四周缝隙用干拌砂浆或细石混凝土封堵,并设置凹槽,凹槽内嵌填密封膏,管根部位要抹成平整光滑的八字。
施工控制要点	管根部位均要抹成半径 10mm 的均匀一致、平整光滑的八字;基层做防水涂料前,在突出地面和墙面的管根部位,应做附加层增强,附加层每边宽度不应小于 250mm。穿越楼板的管道应设置防水套管,高度应高出装饰层完成面 20mm 以上;套管与管道间应采用防水密封材料嵌填压实。
质量常见问题	管根孔洞在立管定位后,楼板四周缝隙用干拌砂浆堵严。缝大于 200mm 时,可用细石防水混凝土堵严,并做底模。在管根与混凝土(或水泥砂浆)之间应留凹槽,槽深 10mm 宽 20mm,凹槽内嵌填密封膏。
施工注意事项	要认真核对图纸,依据图纸准确定位管道穿楼板预留洞的位置,管道纵横尺寸和上下水管道之间的距离掌握准确,并认真配合土建施工,不能遗漏,避免剔凿楼板。个别上下管洞如偏离预留位置,应尽早调整。

010203　基层墙角处理

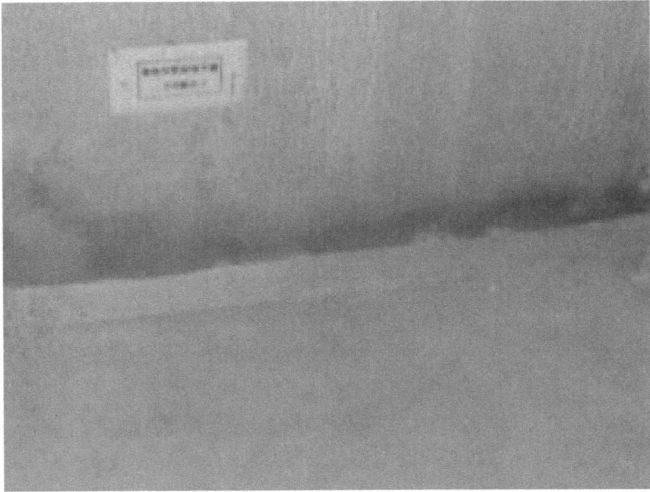

施工工艺说明	墙面与地面交接墙角处均做出 $R_1=10$mm 的圆弧,地面与墙面阴阳角做附加层增强。
施工控制要点	墙面与地面交接墙角圆弧八字表面应洁净、平整;防水涂膜施工应先做地面与墙面阴阳角处附加层施工,再做四周立墙防水层;地面四周与墙体连接处,防水层往墙面上返 250mm 以上。
质量常见问题	用油漆刷蘸搅拌好的涂料在管根、地漏、阴阳角等容易漏水的薄弱部位均匀涂刷,不得漏涂(地面与墙角交接处,涂膜防水上卷墙上 250mm 高)。常温 4h 表干后,再刷第二道涂膜防水涂料,24h 实干后即可进行大面积涂膜防水层施工,每层附加层厚度宜为 0.6mm。
施工注意事项	阴阳角等易发生渗漏的部位,应做附加层增补;墙体与地面之间的接缝以及上下水管道与地面的接缝处,是最容易出现问题的地方。所以这些部位一定要格外注意,处理一定要细致,不能有丝毫的马虎。

010204 防水坡度要求

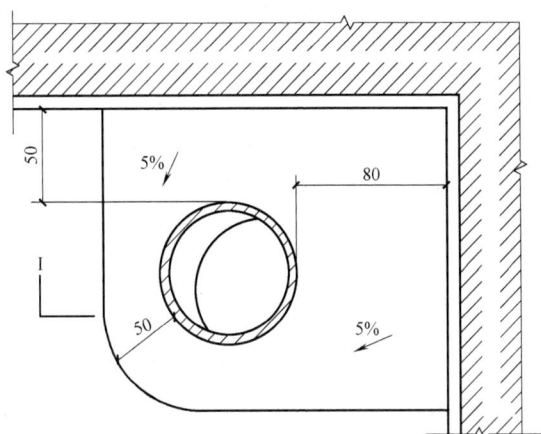

转角墙下水管防水构造剖面

施工工艺说明	地面向地漏处排水坡度应为2%。地漏处排水坡度,从地漏边缘向外50mm内排水坡度为5%。大面积公共厕浴间地面应分区,每个分区设一个地漏。区域内排水坡度为2%,坡度直线长度不大于3m。公共厕浴间的门厅地面可以不设坡度。
施工控制要点	防水找平层施工应在找坡层施工之后进行,与墙交接处及转角处、管根部,均要抹成半径为10mm的均匀一致、平整光滑的小圆角、要用专用抹子。凡是靠墙的管根处均要抹出5%坡度,不得局部积水。
质量常见问题	地面排水不畅,主要原因是地面面层及找坡层施工时未按设计要求找坡,找平层未作泼水检查和未加补修,造成作防水和地面面层后倒坡存水。因此在涂膜防水层施工之前,先检查基层坡度是否符合要求,与设计不符时,应进行处理再做防水,面层施工时也要按设计要求找坡。
施工注意事项	排水坡度、地漏等细部做法均应符合设计要求和施工规范的规定,不得有积水和渗水现象;基层做防水涂料之前,在突出地面和墙面的管根、地漏。排水口、阴阳角等易发生渗漏的部位,应做附加层增补。

010205 卫生间防水范围

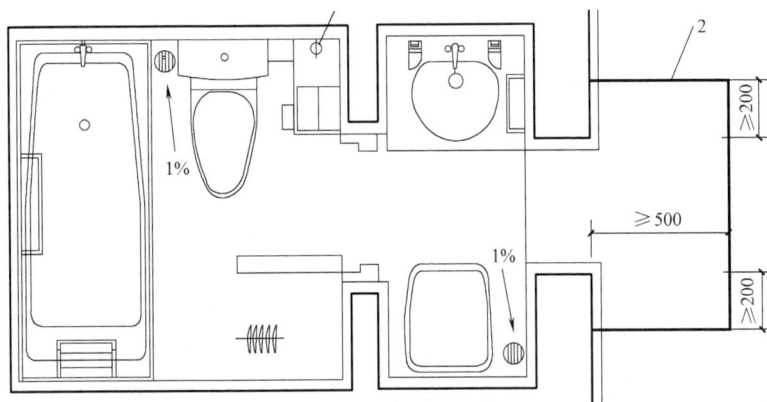

施工工艺说明	卫生间淋浴房与墙面交接部位及向外侧延伸各 1m 范围内。卫生间洗面盆龙头向两侧各延伸 0.6m 范围内。卫生间防水找平层应向卫生间门口外延伸 500mm 厕浴间的地漏、管根、阴阳角等处用单组分聚氨酯涂刷一遍做附加层处理。
施工控制要点	涂膜防水层及其预埋管件、排水坡度、地漏等细部做法，均应符合设计要求和施工规范的规定，不得有积水和渗漏水现象；涂膜厚度均匀一致，达到设计要求。不允许有脱落、开裂、孔洞或收头不严密等缺陷。
质量常见问题	在施工前应对施工班组细致交底，确保防水范围符合设计要求；防水层空鼓、气泡：防水层空鼓、气泡现象主要是基层清理不净或含水率过高。施工前应认真清理基层并做含水率检测。
施工注意事项	操作人员应严格保护已做好的涂膜防水层，并及时做好保护层，在做保护层以前，非防水施工人员不得进入施工现场。涂膜防水施工前，基层（找平层）应牢固、表面洁净、平整、阴阳角呈圆弧形。防水涂膜附加层的涂刷方法、搭接、收头应按规定要求粘结牢固、紧密、接缝封严、无损伤、空鼓等现象。

010206 防水高度要求

施工工艺说明	地面四周与墙体交界处,防水层应往墙面上返 250mm 以上,有淋浴设施的厕浴间墙面,防水高度不应低于 1.8m。
施工控制要点	厕浴间的地漏、管根、阴阳角等处用单组分聚氨酯涂刷一遍做附加层处理,两侧各在交接涂刷 200mm。地面四周与墙体连接处,以及管根处,平面涂膜防水层宽度和平面拐角上返高度各≥250mm。地漏口周边平面涂膜防水层宽度和进入地漏口下返均为≥40mm。根据一般设计要求,淋浴区防水涂刷高度为 1800mm,洗手盆处防水涂刷高度为 1200mm,洗衣机房涂刷高度为 1000mm,其他墙体位置防水涂刷高度为 250mm。
质量常见问题	在施工前应对施工班组细致交底,确保防水高度符合设计要求;防水涂膜附加层的涂刷方法、搭接、收头应按规定要求粘结牢固、紧密、接缝封严、无损伤、空鼓等现象。
施工注意事项	操作人员应严格保护已做好的涂膜防水层,并及时做好保护层,在做保护层以前,非防水施工人员不得进入施工现场。涂膜防水层与基层、保护层均应粘结牢固,收边密封严实。

010207　地漏处防水做法

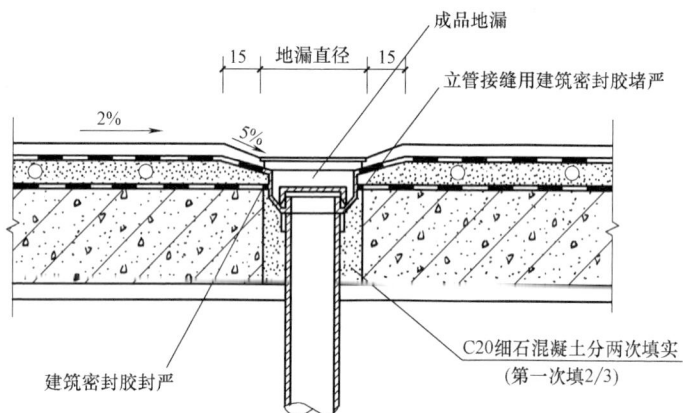

成品地漏

立管接缝用建筑密封胶堵严

2%

5%

15　地漏直径　15

建筑密封胶封严

C20细石混凝土分两次填实
（第一次填2/3）

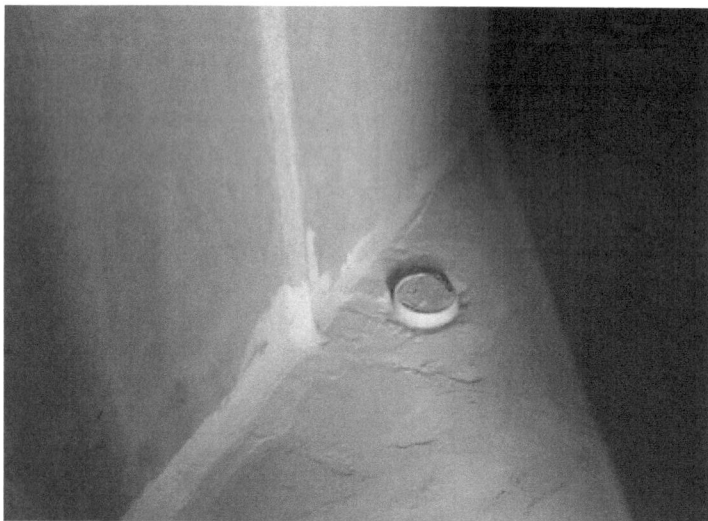

施工工艺说明	地漏管根与混凝土(砂浆)之间应留凹槽,槽深 10mm、宽 20mm,槽内嵌填密封膏。
施工控制要点	地漏穿楼板洞口需要吊模堵洞,吊模模板、吊筋须有足够的强度和刚度;支模完成后,分两层浇捣不小于 C20 细石混凝土(若楼板混凝土强度大于 C20 应按设计强度执行),第一层为板厚的 2/3,第二层为板厚的 1/3,确保混凝土浇捣密实;地漏等穿越楼板的管道根部应用密封材料嵌填压实;地漏上口四周 20mm× 10mm 范围内用密封材料封严,上面做防水层。从地漏边缘向外 50mm 内排水坡度为 5%。
质量常见问题	渗漏多发生于地漏等细部构造处,原因是部件安装松动、防水层涂膜不到位,或防水层局部受损、密封不严等因素造成。必须仔细做好各细部防水处理,不得忽略附加层防水处理。
施工注意事项	要认真核对图纸,确保地漏设置位置正确,对突出地面的地漏周边防水层不得碰损,部件不得变位。

010208 穿楼板管道防水做法

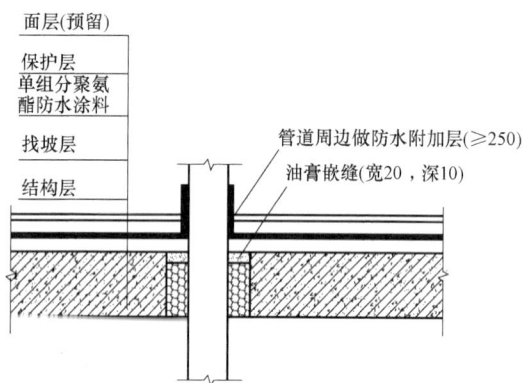

面层(预留)
保护层
单组分聚氨酯防水涂料
找坡层
结构层

管道周边做防水附加层(≥250)
油膏嵌缝(宽20，深10)

厕浴间立管防水剖面图

施工工艺说明	厕浴间管根与楼板四周缝隙用干拌砂浆或细石混凝土封堵,并置凹槽,凹槽内嵌填密封膏,管根部位要抹成平整光滑的八字。
施工控制要点	穿楼板管道的洞口需要吊模堵洞,吊模模板、吊筋须有足够的强度和刚度;支模完成后,分两层浇捣不小于 C20 细石混凝土(若楼板混凝土强度大于 C20 应按设计强度执行),第一层为板厚的 2/3,第二层为板厚的 1/3,确保混凝土浇捣密实;管根四周宜形成凹槽,其尺寸为 20mm×10mm,将管根周围几凹槽内清理干净,务必做到干净、干燥;将密封材料挤压在凹槽内,并用腻子刀用力抹压严实,使之饱满、密实。
质量常见问题	为使密封材料与管根口四周混凝土粘胶牢固,在凹槽两侧与管根口四周,应先涂刷基层处理剂。厕浴间楼板的所有立管、套管定位安装完毕经验收,避免剔凿楼板。
施工注意事项	要认真核对图纸,依据图纸准确定位管道穿楼板预留洞的位置,管道纵横尺寸和上下水管道之间的距离掌握准确,并认真配合土建施工,不能遗漏,避免剔凿楼板。个别上下管洞如偏离预留位置,应尽早调整。

010209 蹲便器处防水做法

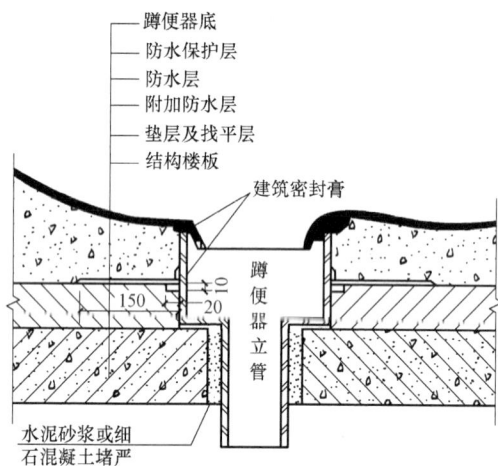

- 蹲便器底
- 防水保护层
- 防水层
- 附加防水层
- 垫层及找平层
- 结构楼板

建筑密封膏

蹲便器立管

150 10
20

水泥砂浆或细石混凝土堵严

施工工艺说明	管根与混凝土（水泥砂浆）之间应预留凹槽，槽深 10mm、宽 20mm，槽内嵌填密封膏；蹲便器底部与立管相接处应加设密封膏。
施工控制要点	蹲便器穿楼板的洞口需要吊模堵洞，吊模模板、吊筋须有足够的强度和刚度；支模完成后，分两层浇捣不小于 C20 细石混凝土（若楼板混凝土强度大于 C20 应按设计强度执行），第一层为板厚的 2/3，第二层为板厚的 1/3，确保混凝土浇捣密实；管根四周宜形成凹槽，其尺寸为 20mm×10mm，将管根周围几凹槽内清理干净，务必做到干净、干燥；将密封材料挤压在凹槽内，并用腻子刀用力抹压严实，使之饱满、密实。
质量常见问题	为使密封材料与管根口四周混凝土粘胶牢固，在凹槽两侧与管根口四周，应先涂刷基层处理剂。厕浴间楼板的所有立管、套管定位安装完毕经验收，避免剔凿楼板。
施工注意事项	要认真核对图纸，依据图纸准确定位管道穿楼板预留洞的位置，管道纵横尺寸和上下水管道之间的距离掌握准确，并认真配合土建施工，不能遗漏，避免剔凿楼板。个别上下管洞如偏离预留位置，应尽早调整。

0102010　蓄水试验

施工工艺说明	在防水层完成后进行蓄水试验,楼地面蓄水高度不小于 20mm,蓄水时间不小于 24h,并保证每一自然间逐一检验。
施工控制要点	蓄水要满足规定时间,水面高度要满足要求,检查是否渗水要仔细,对地漏等部位进行严密封堵。
质量常见问题	在卫生间门下口浇筑混凝土门坎,防水做在混凝土门坎上面,混凝土门坎高度为完成面高度减装修面厚度。改变地埋管位置,不从卫生间门下进入卫生间,地埋管不穿防水层,尽量减少渗漏的可能性。可以有效防止在二次闭水试验时,水从地砖缝渗入,从门坎下的防水层上洇出;防水层做在地埋管下的,水从门坎下地埋管处洇出。
施工注意事项	防水层涂刷完成干燥后,应对防水层质量进行认真检查和验收,检查内容包括防水层是否满涂、厚度是否均匀、封闭是否严密、厚度是否达到设计要求(切片取样),表面无起鼓、开裂、翘边等缺陷。经甲方及监理工程师共同检查验收合格后方可进行闭水试验。

0102011 防水保护层要求

施工工艺说明	防水保护层采用 20mm 厚砂浆。防水层最后一遍施工时,在涂膜未完成固化时,可在其表面撒少量干净粗砂,以增强防水层与保护层之间的粘接;也可采用掺建筑胶的水泥浆在防水层表面进行拉毛处理后,然后再进行保护层施工。
施工控制要点	基层清理要到位;要把控好打点、冲筋;洒水湿润;铺装砂浆;养护。
质量常见问题	做好基层清理,撒少量干净粗砂,有利于粘接牢固,预防空鼓现象。
施工注意事项	水泥砂浆必须符合设计要求。保护层表面坡度必须符合设计要求。要严格按照技术交底进行施工;注意成品保护。

第三节　特殊部位防水

010301　室内泳池池壁及池底交接处

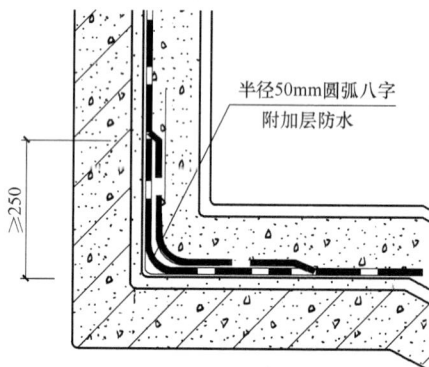

半径50mm圆弧八字
附加层防水

≥250

施工工艺说明：泳池池壁及池底交界处做 $R_1 = 50mm$ 的圆弧平整光滑八字，泳池池壁及池底交界处应做防水附加层增补，附加层宽度500mm，每边250mm。

010302 泳池及水池给、排水口防水做法

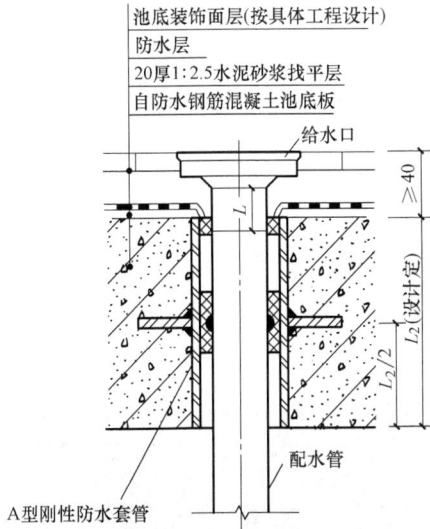

池底装饰面层(按具体工程设计)
防水层
20厚1:2.5水泥砂浆找平层
自防水钢筋混凝土池底板
给水口
≥40
L
$L_2/2$
L_2(设计定)
配水管
A型刚性防水套管

施工工艺说明：泳池给水、排水管应设置A型刚性防水套管，套管在混凝土浇筑前预埋，止水环与套管满焊密实。主管与套管间在套管长度居中部位设置钢制挡圈，挡圈用油麻填封，填缝厚度为套管长度的1/3，套管与主管间其余部分用石棉水泥封堵，套管内的填料必须保证紧密捣实。防水卷材收至套管内，用无毒密封膏封堵。填缝密封膏时，应保证缝内各接触面无锈蚀、漆皮、污物，且干净、干燥。

010303　水池刚性防水构造

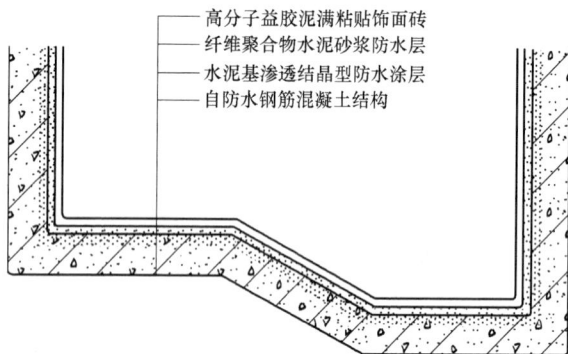

高分子益胶泥满粘贴饰面砖
纤维聚合物水泥砂浆防水层
水泥基渗透结晶型防水涂层
自防水钢筋混凝土结构

施工工艺说明：对于工程结构稳固、基本无振动或结构变形的池体工程，一般采用自防水混凝土结构、水泥基渗透结晶防水涂层、抹纤维聚合物水泥砂浆防水层共同组成的多道刚性或以刚性为主的构造防水。施工中应控制防水混凝土质量，坍落度不宜过大，避免出现较大的干缩裂缝。泳池池壁及池底交界处做 $R_1=50mm$ 的圆弧平整光滑八字，泳池池壁及池底交界处应做防水附加层增补，附加层宽度 500mm，每边 250mm。

010304　水池刚柔结合防水构造

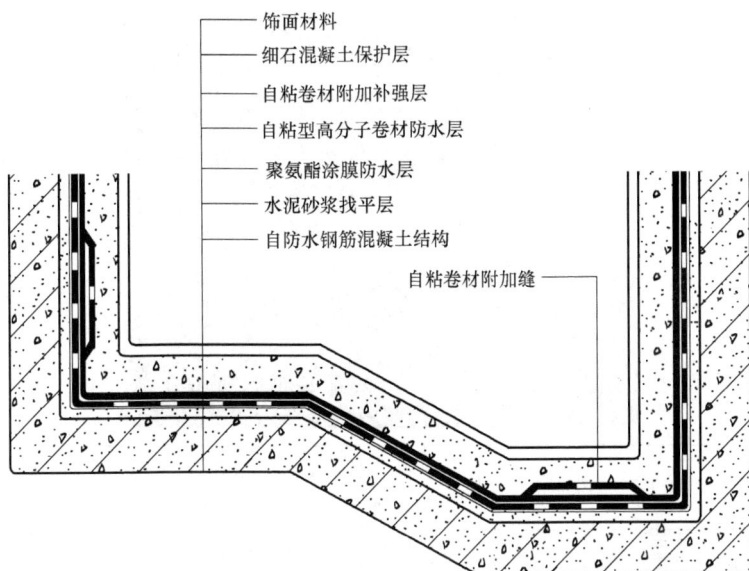

饰面材料
细石混凝土保护层
自粘卷材附加补强层
自粘型高分子卷材防水层
聚氨酯涂膜防水层
水泥砂浆找平层
自防水钢筋混凝土结构

自粘卷材附加缝

施工工艺说明：对于工程结构稳固并有可能产生微量变形的工程，宜选用由自防水混凝土结构、聚氨酯涂膜防水层、卷材防水层共同组成的多道刚柔结合的防水构造。施工中应控制防水混凝土质量，坍落度不宜过大，避免出现较大的干缩裂缝。泳池池壁及池底交界处做 R_1 大于等于 50mm 的圆弧平整光滑八字，泳池池壁及池底交界处应做卷材防水附加层增补，附加层宽度 500mm，每边 250mm。先铺贴阴阳角等部位的附加层。卷材铺贴方向：底板宜平行于长边方向铺贴；立墙应垂直底板方向铺贴；卷材应先铺贴平面，后铺贴立面。

010305 外露阳台防水高度

施工工艺说明	地面与墙面交接墙角处均做 $R_1=10\mathrm{mm}$ 的圆弧,地面与墙面阴阳角做附加层。
施工控制要点	墙面与地面交接墙角圆弧八字表面应洁净、平整;防水涂膜施工应先做地面与墙面阴阳角处附加层施工,再做四周立墙防水层;地面四周与墙体连接处,防水层返墙面不得低于 250mm。
质量常见问题	用油漆刷蘸搅拌好的涂料在管根、地漏、阴阳角等容易漏水的薄弱部位均匀涂刷,不得漏涂(地面与墙角交接处,涂膜防水上卷墙面 250mm 高)。常温 4h 表干后,再刷第二道涂膜防水涂料,24h 实干后即可进行大面积涂膜防水层施工,每层附加层厚度宜为 0.6mm。
施工注意事项	阴阳角等易发生渗漏的部位,应做附加层增补;墙体与地面之间的接缝以及上下水管道与地面的接缝处,是最容易出现问题的地方。所以这些部位一定要格外注意,处理一定要细致,不能有丝毫的马虎。

010306 外露阳台地漏位置处理

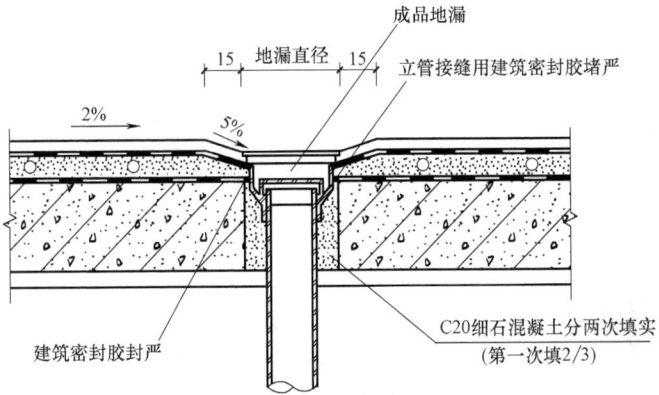

成品地漏

立管接缝用建筑密封胶堵严

地漏直径

2%

5%

建筑密封胶封严

C20细石混凝土分两次填实
(第一次填2/3)

施工工艺说明	地漏管根与混凝土（砂浆）之间应留凹槽，槽深 10mm、宽 20mm，槽内嵌填密封膏。
施工控制要点	地漏穿楼板洞口需要吊模堵洞，吊模模板、吊筋须有足够的强度和刚度；支模完成后，分两层浇捣不小于 C20 细石混凝土，第一层为板厚的 2/3，第二层为板厚的 1/3，确保混凝土浇捣密实；地漏等穿越楼板的管道根部应用密封材料嵌填压实；地漏上口四周 20mm×10mm 范围内用密封材料封严，上面做防水层。从地漏边缘向外 50mm 内排水坡度为 5%。
质量常见问题	渗漏多发生于地漏等细部构造处，原因是部件安装松动、防水层涂膜不到位，或防水层局部受损、密封不严等因素造成。必须仔细做好各细部防水处理，不得忽略附加层防水处理。
施工注意事项	要认真核对图纸，确保地漏设置位置正确，对突出地面的地漏周边防水层不得碰损，部件不得变位。

010307 螺栓眼处防水做法

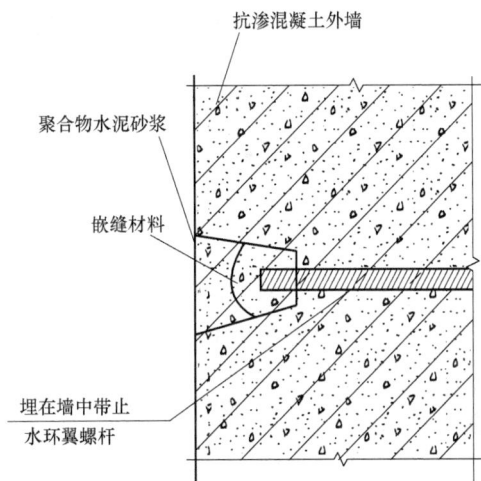

抗渗混凝土外墙

聚合物水泥砂浆

嵌缝材料

埋在墙中带止
水环翼螺杆

施工工艺说明	拆模后将预埋的垫块取出,沿混凝土结构边缘将螺栓割断,对割断处进行涂刷防锈漆处理后,嵌入防水油膏(嵌入 2/3),最后用聚合物砂浆将螺栓眼抹平,螺栓孔周围 100mm 范围涂刷防水涂膜两遍。
施工控制要点	聚合物砂浆抹平前应使用喷壶进行喷水润湿,使螺栓眼保持湿润。堵塞孔眼时,应从外墙内侧将防水砂浆灌入螺栓眼内,并用钢筋捣实。待砂浆干燥后,用聚氨酯涂膜防水刷在对拉螺栓孔处,形状为直径 100mm 的圆形,防水涂膜1.2厚。
质量常见问题	外墙螺栓眼采用防水砂浆封堵,防水砂浆和螺栓眼塑料套管相容性差,防水砂浆凝固会产生收缩,会在螺栓眼塑料套管和防水砂浆之间产生缝隙。雨水会通过螺栓眼塑料套管和防水砂浆之间的缝隙渗入室内。现场采用防水砂浆封堵,应确保将防水砂浆注入孔内用钢筋捣实。
施工注意事项	施工中应注意螺栓眼粘存杂物清理,并用吹风机吹干净。螺栓孔用防水砂浆封堵后应加强淋水养护管理。

第二章 保温工程

第一节 模塑聚苯板薄抹灰外墙外保温

020101 基层处理-清灰

工艺说明：外保温工程开始前首先做基面处理，用大刷子清理墙面，刷去浮渣、灰土。

020102   基层处理-剔凿

工艺说明：外保温工程开始前首先做基面处理，墙面平整度超差部分用锤子或铲子剔除突出部分。

020103　基层处理-填补

工艺说明：外保温工程开始前首先做基面处理，墙体空洞等凹陷不平的地方用砂浆修补。

020104　挂水平或垂直控制线

工艺说明：基面处理结束后，进行放线。在阴角、阳角、阳台栏板、门窗洞口和外保温起始位置等部位挂垂直线或水平线等控制线。

020105　安装起步托架

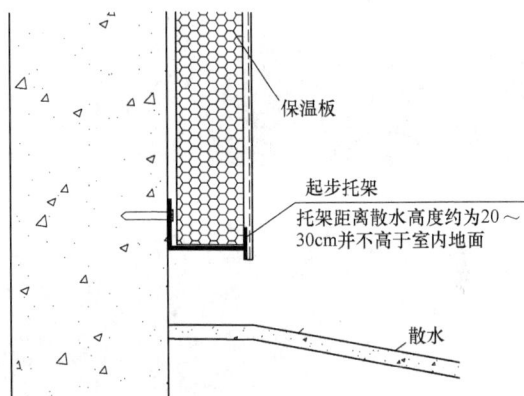

保温板

起步托架
托架距离散水高度约为20~
30cm并不高于室内地面

散水

工艺说明：在模塑聚苯板的起始位置安装起步托架。首先在墙面标注好托架上锚栓固定的位置，锚栓在托架上均匀排布，用电锤在标注的锚栓位置钻洞，用锚栓将起步托架固定于墙面上。

020106　配制胶粘剂

施工工艺说明	首先准确称量粘结砂浆用的材料,双组分粘结砂浆用的乳液与砂浆,单组分粘结砂浆用的水与砂浆。将双组分的乳液与砂浆或单组分的水与砂浆按规定的比例混合配制。
施工技术要点	胶粘剂必须配比准确,拌合均匀,一次的配制量控制在 60min 内用完。
质量通病防治	双组分砂浆的乳液或单组分砂浆的水加的比例过高,会导致混合得到的胶粘剂稠度偏低,粘结力不够;双组分砂浆或单组分砂浆的砂浆加的比例过高,会导致混合得到的胶粘剂稠度过高,胶粘剂偏干而无法使用。
施工注意事项	配制胶粘剂时用电动搅拌器搅拌均匀,严格按照胶粘剂配比要求准确配制,一次的配制量的使用时间不宜过长。

020107 窗口处预粘贴翻包玻纤网

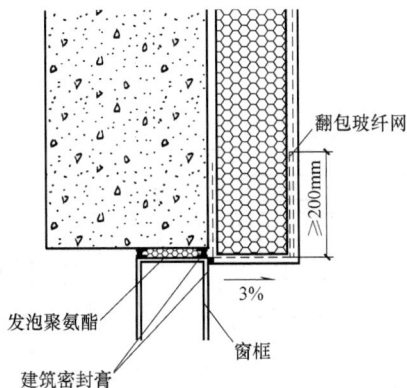

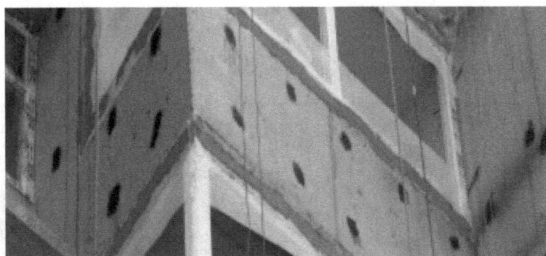

施工工艺说明	外墙大面粘贴保温板前应在门窗洞口、女儿墙等收口部位预粘翻包玻纤网。
施工技术要点	预留出的翻包玻纤网的宽度为模塑聚苯板厚度加 200mm。
质量通病防治	预留的翻包玻纤网宽度小于 200mm,会降低门窗洞口、女儿墙等收口部位保温板与基层墙体的粘结安全性。
施工注意事项	外墙大面粘贴保温板前应在门窗洞口、女儿墙等收口部位都应根据设计要求粘贴翻包玻纤网,且翻包玻纤网的宽度不小于 200mm。

020108   条粘法

条粘法

工艺说明：保温板粘贴分为条粘法和点框法，基面平整度好时可用条粘法粘贴。在聚苯板上抹粘结剂，用齿抹子刮出粘结剂条，粘贴上墙。

020109 点框粘

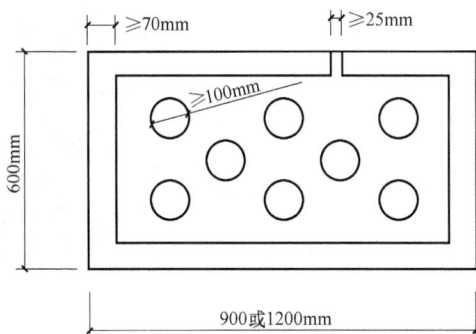

点框法

施工工艺说明	在模塑聚苯板的四周抹胶粘剂,中间抹梅花点,在板边砂浆中留出宽度不小于25mm的透气孔。
施工技术要点	粘结面积率除酚醛板不小于50%外,其他B1级保温板的粘结面积率均不小于40%。
质量通病防治	保温板的四周应涂抹胶粘剂防止保温板边角处因未粘牢而发生翘曲,且保温板的粘结面积率必须达到要求,否则直接影响保温板在基层墙体上的连接安全性。
施工注意事项	胶粘剂应在保温板面均匀分布,粘结面积率不得小于相关标准要求。

020110 粘贴保温板

施工工艺说明	粘板时轻柔均匀挤压板面,随时用托线板检查平整度,每粘完一块板用 2m 靠尺将相邻板面拍平。
施工技术要点	板与板之间应拼接严密,局部不规则处粘贴保温板可现场裁切,切口应与板面垂直,整块墙面的边角处应用短边尺寸不小于 300mm 的保温板。
质量通病防治	粘板时挤压板面的力道要均匀一致切勿过轻或过重导致板面平整度较差,粘贴完后板边缘和板与板之间的胶粘剂应及时清理干净。
施工注意事项	粘板时注意挤压板面的力度,并及时清除板边缘挤出的胶粘剂,板与板之间无"碰头灰"。

020111　粘板顺序

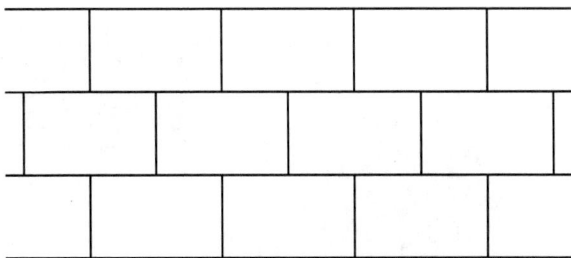

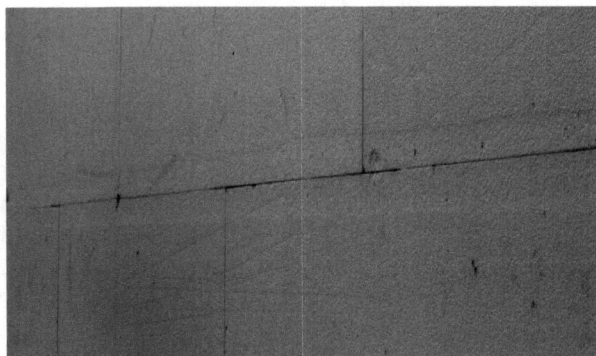

工艺说明：粘板按水平顺序进行，上下板错缝粘结，板与板之间拼接密实。

020112 清理窗框洞口

工艺说明：清理窗框小面及窗框四周，将窗框边的发泡裁切与墙面平齐，并打磨平整。

020113　裁刀把板

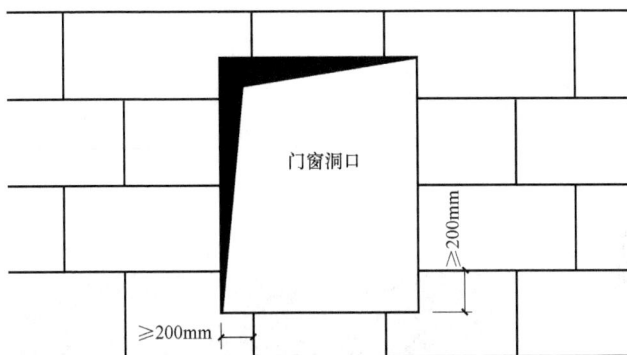

工艺说明：窗口四角处的保温板应裁切为刀把板样式以方便粘贴。

020114　窗口部位铺贴保温板

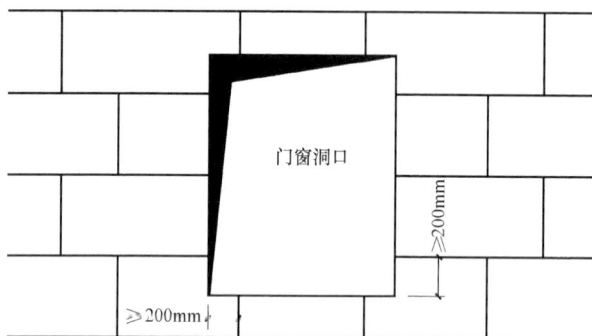

施工工艺说明	将保温板沿着窗洞口四周粘贴，窗口四角处粘贴裁切好的刀把板。
施工技术要点	保温板边缘紧密贴合窗洞口四周，保持窗口四周保温板与窗洞口侧面在同一平面上，模塑聚苯板的拼缝位置与窗的四角处的间隔距离不小于200mm。
质量通病防治	窗口保温板应贴合窗洞口边缘粘贴，以免破坏窗洞口的平整度，且保温板拼缝不设在窗口四角处。
施工注意事项	窗洞口四角处粘贴预先裁切好的刀把板。

020115　转角部位铺贴

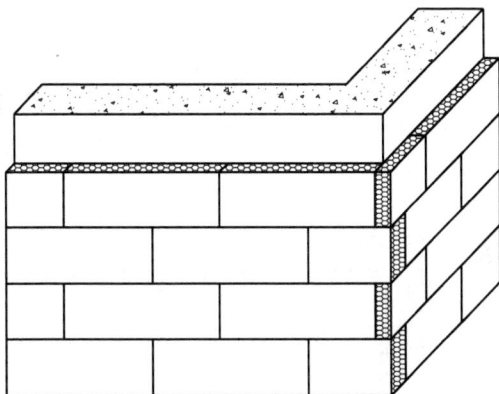

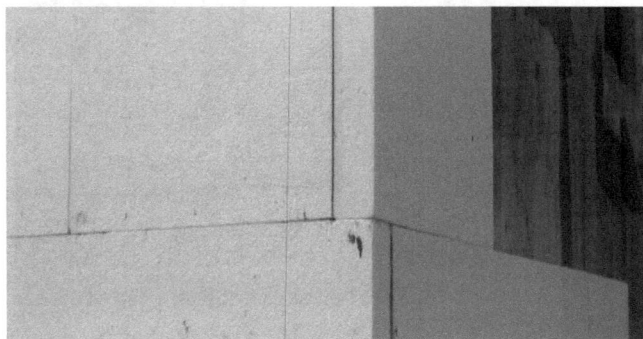

工艺说明：转角部位粘贴保温板时应做错槎处理。

020116　空调板等出挑部件铺贴包裹

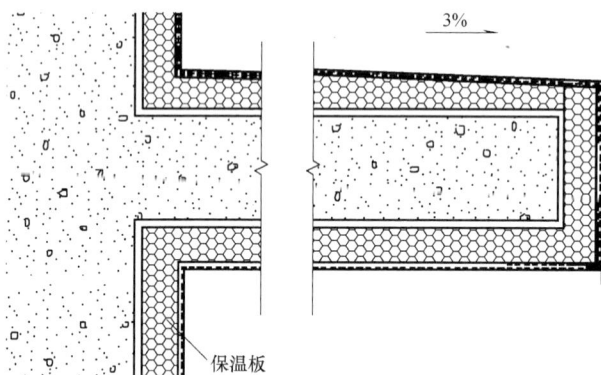

保温板

工艺说明：为防止热桥，空调板等出挑构件与空气接触的面均应用保温板全包裹。

020117　防火隔离带满粘

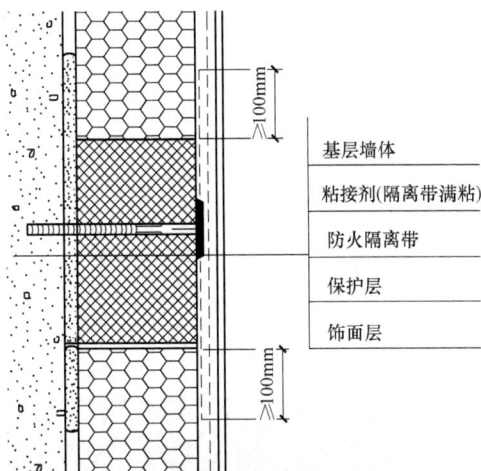

施工工艺说明	防火隔离带的安装与粘贴模塑聚苯板同步,隔离带与墙面的粘结采用满粘粘贴。
施工技术要点	胶粘剂应将隔离带全面积涂抹均匀,隔离带与基层墙体全面积粘贴不留缝隙。
质量通病防治	隔离带与基层墙体间的胶粘剂如有缝隙,会降低隔离带阻止火焰在外保温系统内蔓延的效果。
施工注意事项	隔离带与基层墙体间施行满粘,以保证隔离带与墙体间的胶粘剂没有缝隙。

020118　防火隔离带排版

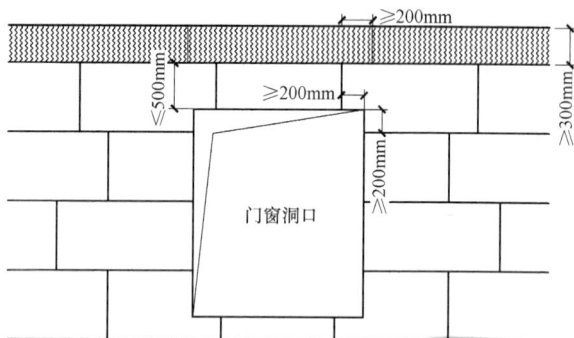

施工工艺说明	防火隔离带的安装自下而上顺序进行，隔离带接缝与上、下部位模塑聚苯板接缝错开。
施工技术要点	防火隔离带的安装与粘贴模塑聚苯板同步粘贴，隔离带接缝位置与上、下部位模塑聚苯板接缝错开。错开距离不小于 200mm，每段隔离带长度不小于 500mm。
质量通病防治	不能采用粘贴模塑聚苯板时预留出防火隔离带位置，然后再填塞岩棉带的做法，且隔离带与上下模塑聚苯板之间应无通缝。
施工注意事项	防火隔离带与模塑聚苯板之间应拼接严密，板缝错开。

020119　板缝处理

工艺说明：待模塑聚苯板粘贴完毕后，对板面进行修整。板缝应拼严，缝宽超出 2mm 时用相应厚度的模塑聚苯板片或发泡聚氨酯填塞。隔离带之间的缝隙和隔离带与模塑聚苯板之间的缝隙用发泡聚氨酯填充。

020120   板面平整度处理

工艺说明：清除溢出板缝的发泡聚氨酯。拼缝高差大于1.5mm时，模塑聚苯板用砂纸或专用打磨机具打磨平整。打磨后清除表面漂浮颗粒和灰尘。

020121 敲击式锚栓安装

　　工艺说明：模塑聚苯板粘贴24h后，方可进行锚栓安装，根据不同的基层墙体来选用相应的锚栓及施工方式。在钢筋混凝土墙上可使用敲击式锚栓，可采用冲击钻或电锤打孔，钻孔深度应符合设计和相关标准的要求，再把尼龙胀塞塞入打好的孔洞中，将螺钉放入尼龙胀塞中并用铆头敲入。

020122 旋入式锚栓安装

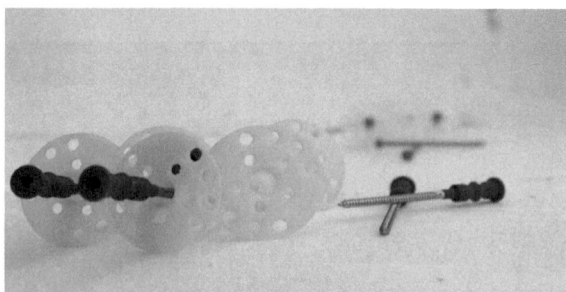

施工工艺说明	采用冲击钻或电锤打孔,钻孔深度应符合设计和相关标准的要求,再把尼龙胀塞塞入打好的孔洞中,将螺钉放入尼龙胀塞中,用电动螺丝刀将旋入式锚栓的锚钉拧入尼龙胀塞中。
施工技术要点	旋入式锚栓必须用电动螺丝刀将旋入式锚栓的锚钉拧入尼龙胀塞中。
质量通病防治	如果用锤头将旋入式锚栓的锚钉直接敲入尼龙胀塞中,其旋入式锚栓的锚固力将达不到预期效果,直接影响外保温系统的联结安全性。
施工注意事项	切勿用锤头将旋入式锚栓的锚钉直接敲入尼龙胀塞中。

020123 锚栓安装位置

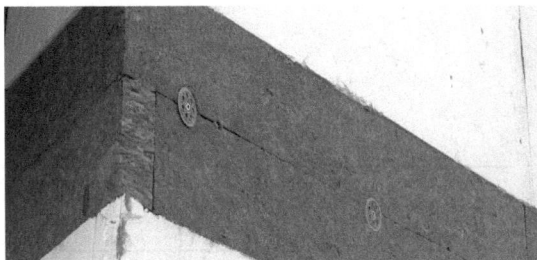

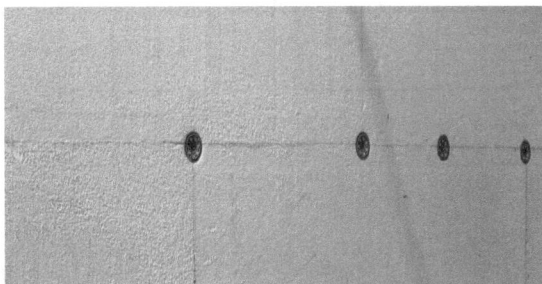

施工工艺说明	模塑聚苯板边角相接处应安装锚栓,根据每平方米锚栓个数均匀排布保温板上的锚栓分布。防火隔离带使用的锚栓位于隔离带中间高度。
施工技术要点	模塑聚苯板边角相接处应安装锚栓,每平方米不少于 4 个锚栓时板面中间可设置至少 1 个锚栓,每平方米不少于 6 个锚栓时板面中间可至少设置 2 个锚栓。隔离带上的锚栓距端部不大于 100mm,锚栓间距不大于 600mm。
质量通病防治	锚栓安装于模塑聚苯板边角相接处,以使锚栓压住模塑聚苯板角,防止翘曲。板中间的锚栓均匀分布。
施工注意事项	安装于模塑聚苯板边角相接处锚栓的锚盘应同时压住相邻的两块保温板。

020124 锚栓安装数量

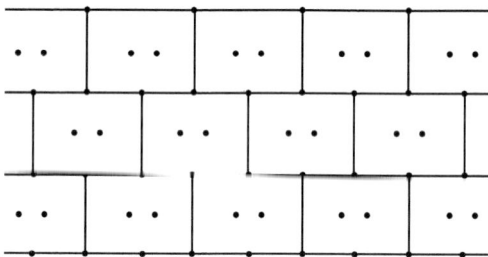

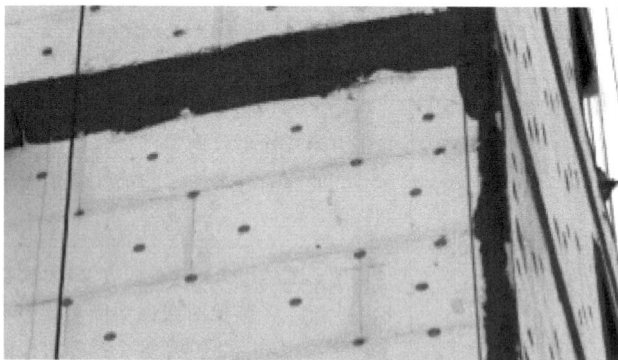

工艺说明：建筑物标高24m以下可不安装，24～60m每平方米不少于4个，60m以上每平方米不少于6个。每段隔离带上的锚栓数量至少有2个。

020125 配制抹面胶浆

工艺说明：按照比例要求配制抹面胶浆。准确称量配制双组分抹面胶浆用的乳液和砂浆，或是配制单组分抹面胶浆用的水和砂浆。用电动搅拌器均匀搅拌。一次的配制量在 60min 内用完。

020126　隔离带位置加铺增强玻纤网

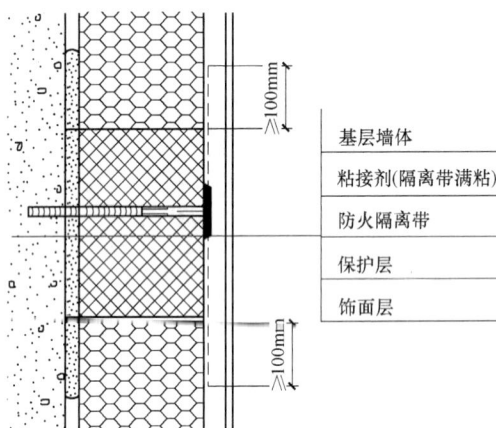

基层墙体
粘接剂(隔离带满粘)
防火隔离带
保护层
饰面层

施工工艺说明	在隔离带位置加铺增强玻纤网,增强玻纤网先于大面玻纤网铺设。
施工技术要点	增强玻纤网上下超出隔离带宽度不应小于100mm,左右可对接,但对接位置离隔离带拼缝位置不应小于100mm。
质量通病防治	隔离带处使用的保温材料不同于大面保温板,两种材料的拼接位置容易产生裂缝,因此,此处增加增强玻纤网起到抗裂作用。
施工注意事项	增强玻纤网的宽度要超出隔离带上下一定宽度,对接位置也应避开隔离带拼缝位置一定距离。

020127　窗口保温板修整

工艺说明：窗口收口的处理要认真仔细。首先应沿着弹线切掉多余的保温板，并打磨平整。

020128 粘贴窗口翻包玻纤网

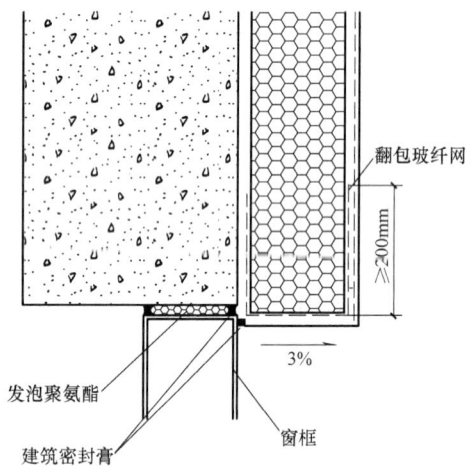

翻包玻纤网

≥200mm

3%

发泡聚氨酯

建筑密封膏

窗框

工艺说明：粘贴好预先贴上的翻包玻纤网，预留的玻纤网大于板厚200mm。

020129 窗口四角玻纤网增强

工艺说明：在窗口小面四角用玻纤网加强，尺寸为
400mm×聚苯板厚度。

020130 窗洞口四角处加铺 45°增强玻纤网

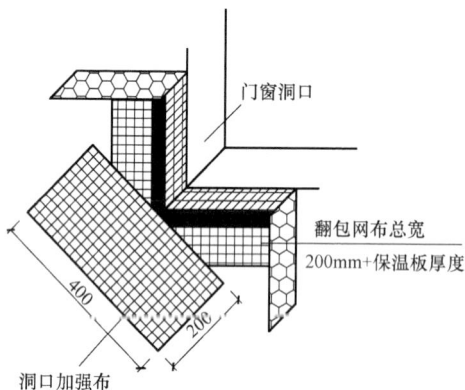

门窗洞口

翻包网布总宽
200mm+保温板厚度

400

200

洞口加强布

施工工艺说明	窗洞口四角处沿 45°方向加铺 400mm×200mm 增强玻纤网。
施工技术要点	增强玻纤网在大面玻纤网的内侧。翻包玻纤网与洞口增强网重叠时,可将重叠处的翻包玻纤网裁掉。
质量通病防治	窗洞口四角处沿 45°方向加铺增强玻纤网以防止窗洞口四角处抹面层开裂。
施工注意事项	增强玻纤网的尺寸为 400mm×200mm 且与窗口四角呈 45°角。直接铺贴在保温板上位于大面玻纤网内侧。

020131　阳角安装角网做法

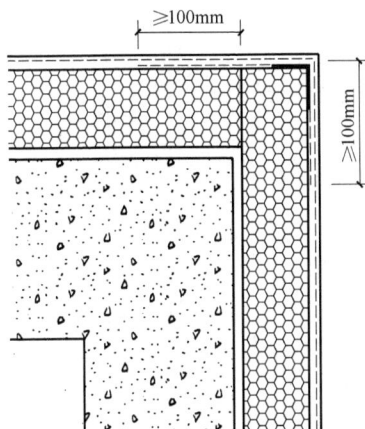

工艺说明：阳角处的保温板外侧抹底层抹面胶浆再粘贴预制角网构件，位于大面玻纤网内侧。角网覆盖阳角两侧保温板各超过100mm长度。

020132   阳角安装护角做法

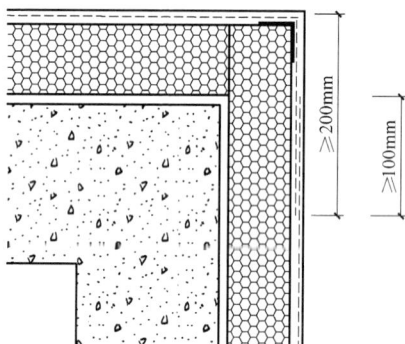

工艺说明：在阳角处的保温板外侧粘贴预制护角构件，位于大面玻纤网内侧。覆盖护角的大面玻纤网的较短一侧的长度应大于200mm。

020133 阳角玻纤网搭接做法

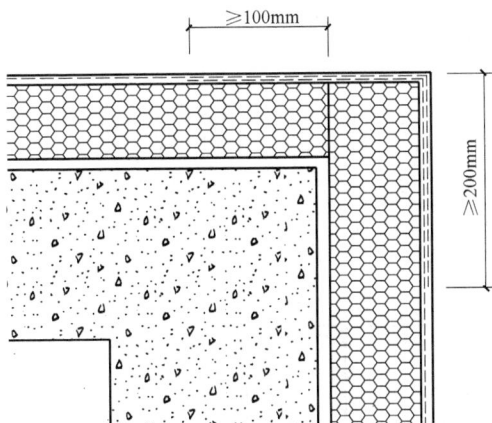

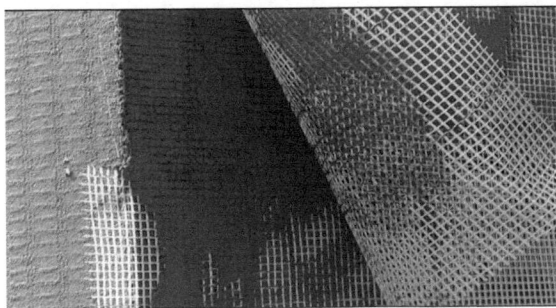

工艺说明：阳角两侧的大面玻纤网在阳角处进行搭接，搭接的大面玻纤网短边需超出阳角保温板拼缝100mm。

020134 滴水檐安装

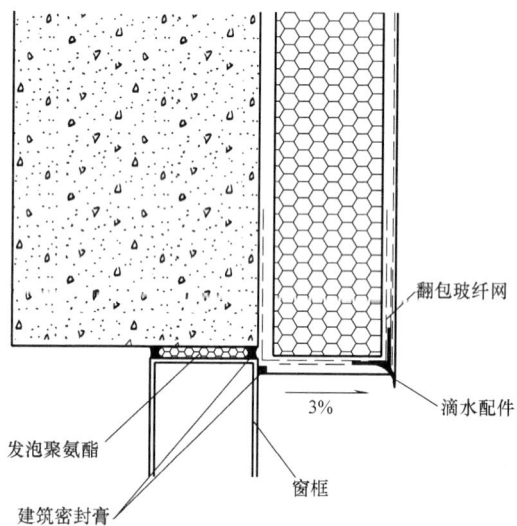

翻包玻纤网

滴水配件

3%

发泡聚氨酯

窗框

建筑密封膏

工艺说明：在保温板粘贴完毕并粘贴好窗口的翻包玻纤网后，在窗口上沿粘贴预制专用滴水配件。

020135　滴水槽做法

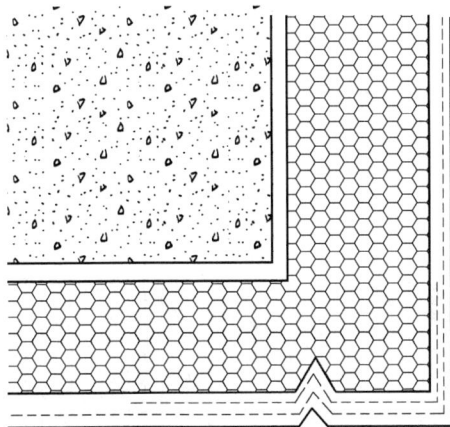

　　工艺说明：在窗口上沿的保温板处开一个滴水槽，滴水槽粘贴增强玻纤网，位于大面玻纤网内侧。

020136 滴水倾斜角做法

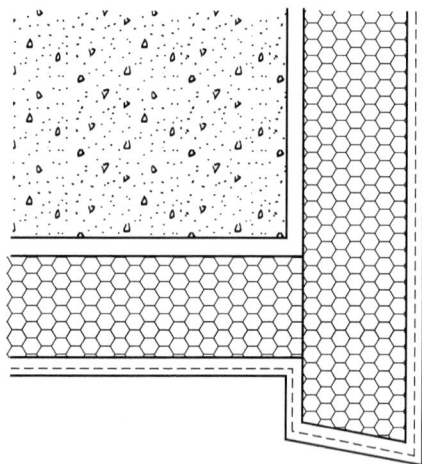

工艺说明：将窗口上沿的保温板裁出一个倾斜角。

020137 窗台板安装

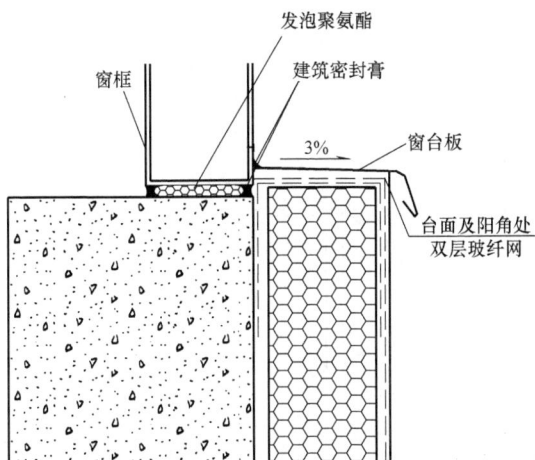

施工工艺说明	窗台两侧剔凿出安装窗台板的空间,将窗台板安放于窗台上,与窗框和窗台紧密贴合,用锚钉将窗台板与窗框锚固。
施工技术要点	在窗台板与外窗接触的一侧粘贴防水密封胶条,窗台板与外保温接触的外侧粘贴防水密封胶条。
质量通病防治	窗台板主要用于防止雨水从窗框和窗洞口接缝处渗透。
施工注意事项	窗台板与外窗框和外保温与窗台板接触的部位注意粘贴防水密封胶条。

020138　抹底层抹面胶浆

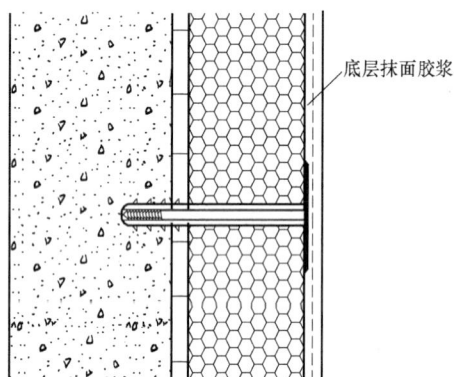

底层抹面胶浆

施工工艺说明	底层抹面胶浆均匀涂抹于模塑聚苯板板面。
施工技术要点	底层抹面胶浆抹灰厚度为 2～3mm 左右。
质量通病防治	保温板粘贴完成 24h 且经检查验收合格后可进行抹灰施工,如采用乳液型界面剂,应在表干后、实干前进行,以免影响保温板与基层墙体的粘结力。
施工注意事项	底层抹面胶浆的抹灰厚度必须达到要求厚度,且涂抹均匀。

020139　铺贴大面玻纤网

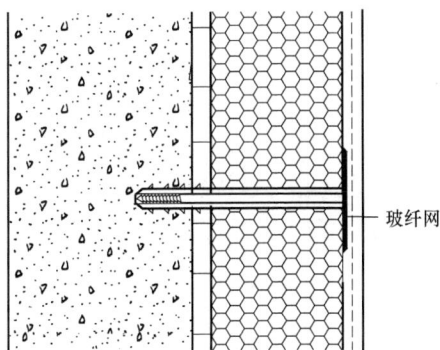

施工工艺说明	将玻纤网放置于抹面胶浆上,用抹子从中央向四周展平。
施工技术要点	玻纤网遇搭接时,搭接宽度不应小于100mm。
质量通病防治	加强系统的抗裂性作用和提高系统的抗冲击性。
施工注意事项	模塑聚苯板外墙外保温系统采用单层玻纤网结构,即一层玻纤网位于锚栓外侧。

020140　抹面层抹面胶浆

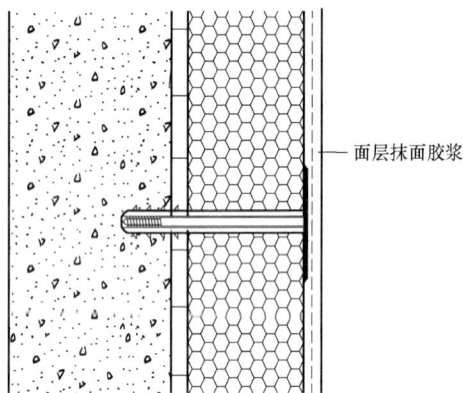

面层抹面胶浆

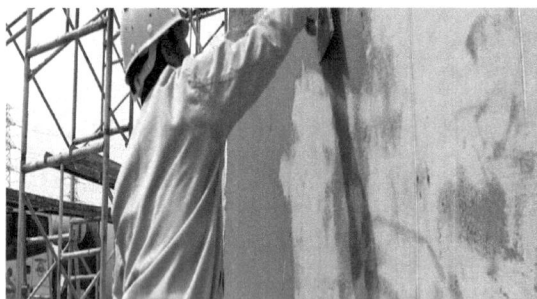

施工工艺说明	在底层抹面胶浆凝结前用抹面胶浆罩面，抹面胶浆表面平整，玻纤网不得外露。
施工技术要点	抹面胶浆厚度为 1～2mm，以仅覆盖玻纤网、微见玻纤网轮廓为宜。抹面胶浆总厚度控制在 3～5mm。其中，门窗洞口上部及两侧 200mm 范围内砂浆厚度不应小于 5mm。
质量通病防治	抹面胶浆为外保温的防护层，抹得不均匀或局部未抹到会使外界的雨水影响外保温，降低保温性能。
施工注意事项	均匀涂抹将玻纤网覆盖。

020141 加强部位加铺玻纤网

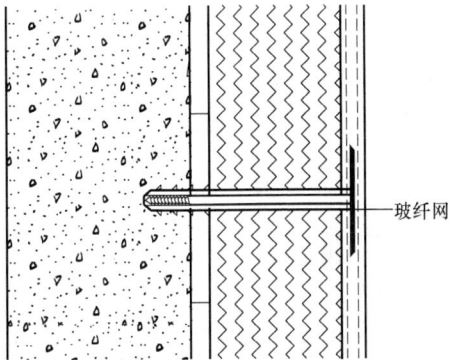

玻纤网

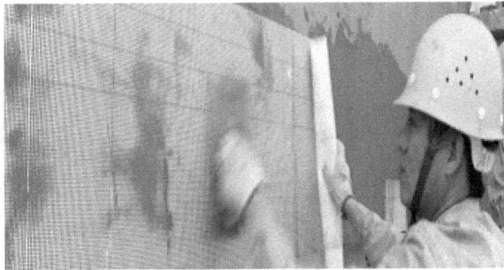

工艺说明：首层及其他需加强部位，按上述做法在面层抹面胶浆完成后再加铺一层玻纤网，并加抹一道抹面胶浆，抹面胶浆总厚度控制在15mm左右，首层可考虑蘑菇石或面砖等外饰面材料，以达到要求的厚度。

020142 保温在地面以上勒脚做法

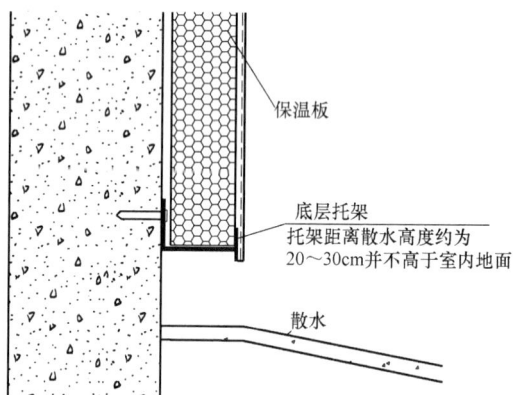

保温板

底层托架
托架距离散水高度约为
20～30cm并不高于室内地面

散水

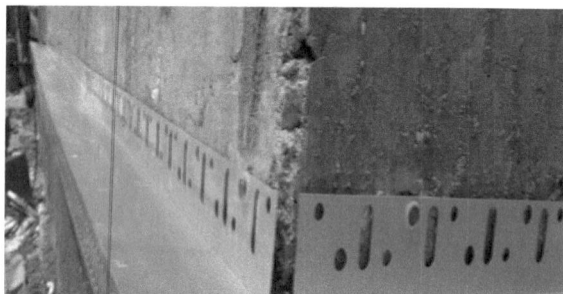

工艺说明：首层保温板底部安装起步托架，托架距离
散水高度约为 20～30cm 并不高于室内地面。

020143　保温接触地面勒脚做法

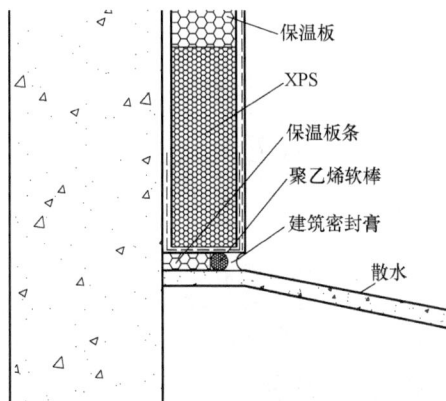

保温板
XPS
保温板条
聚乙烯软棒
建筑密封膏
散水

工艺说明：首层最底层保温板可采用抗压缩性能较高吸水率较低的挤塑聚苯板，并采用玻纤网翻包，最底层保温不能与地面的缝隙贴紧，可填塞保温板条和聚乙烯软棒，缝隙外侧用建筑密封膏密封。

020144　保温深入地下勒脚做法

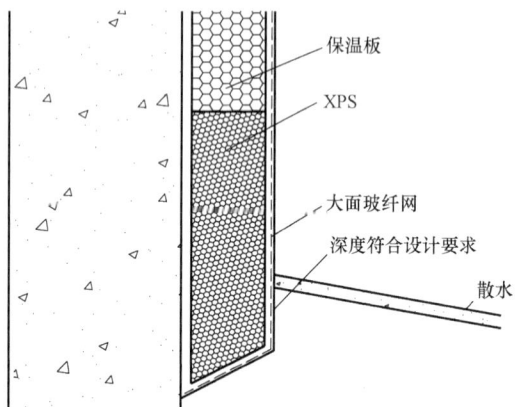

保温板
XPS
大面玻纤网
深度符合设计要求
散水

工艺说明：最底层保温材料可采用抗压缩性能较高吸水率较低的挤塑聚苯板，保温板沿外墙嵌入散水以下（嵌入深度符合设计要求），大面玻纤网也深入散水以下包裹最底层保温板。

020145　伸缩缝做法

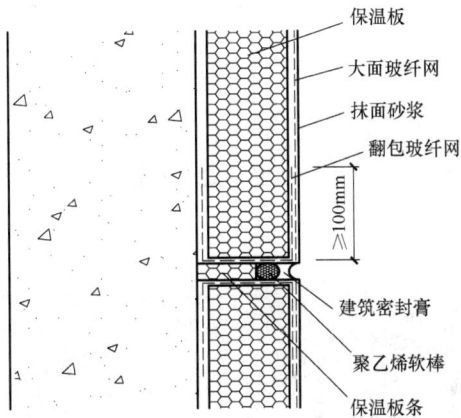

保温板
大面玻纤网
抹面砂浆
翻包玻纤网
≥100mm
建筑密封膏
聚乙烯软棒
保温板条

工艺说明：保温层伸缩缝施工时，伸缩缝内应先垫适当厚度保温板后填塞发泡聚乙烯圆棒或条（直径或宽度为缝宽的 1.3 倍），分两次勾填建筑密封膏，勾填厚度为缝宽的 50%～70%。

020146 沉降缝（平缝）做法

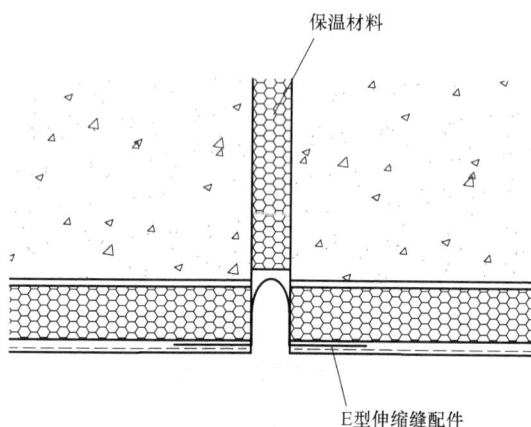

保温材料

E型伸缩缝配件

工艺说明：墙体间沉降缝（平缝）用保温材料填塞，沉降缝两侧墙面的保温外侧采用专用的伸缩缝配件将缝隙密封。

020147　沉降缝（转角缝）做法

保温材料

V形伸缩缝配件

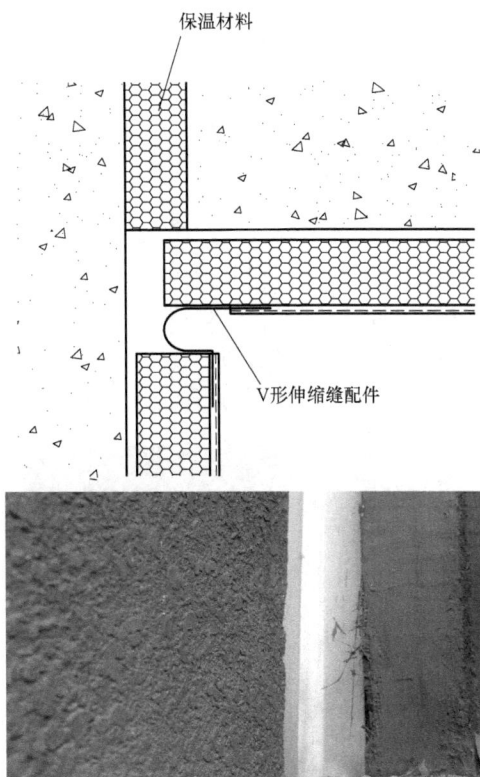

工艺说明：墙体间沉降缝（转角缝）用保温材料填塞，沉降缝转角两侧墙面的保温外侧采用专用的伸缩缝配件将缝隙密封。

020148 落水管处做法

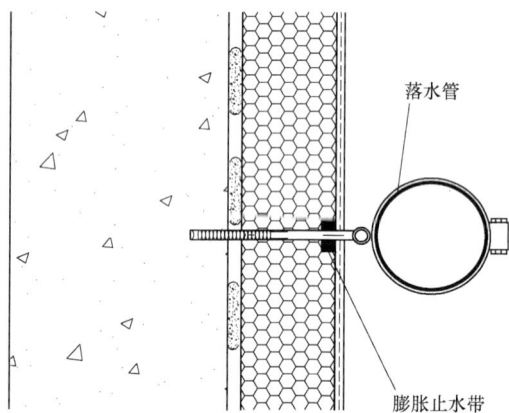

落水管

膨胀止水带

工艺说明：落水管固定于基层墙体，落水管支撑件与保温板外侧接触部位的缝隙用膨胀止水带密封。

020149　穿墙管处做法

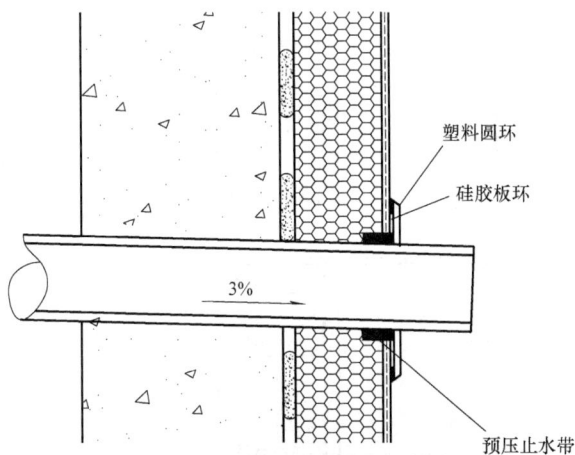

塑料圆环
硅胶板环
3%
预压止水带

工艺说明：穿墙管与外保温外侧的接触部位设置预压止水带，穿墙管靠近外保温外侧依次垫硅胶板环和塑料圆环。

020150　穿墙管（高温）做法

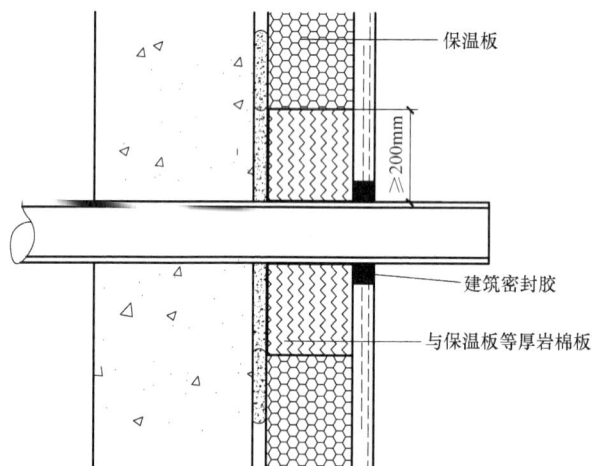

保温板

≥200mm

建筑密封胶

与保温板等厚岩棉板

> **工艺说明：** 通高温气体或液体的穿墙管四周采用不燃保温材料如岩棉板将高温穿墙管与大面可燃的保温材料隔离距离大于200mm，岩棉板与外墙大面保温板等厚，穿墙管与外墙表面接触的周围用建筑密封胶密封。

第二节 岩棉板外墙外保温

（本章节只列出岩棉板外墙外保温做法中相对于模塑聚苯板薄抹灰外墙外保温做法的不同步骤，相同的步骤做法不再重复）

020201 安装层间托架

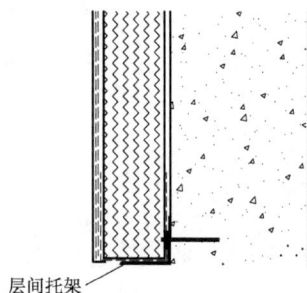

层间托架

施工工艺说明	岩棉板自重大,除楼底部保温板起始位置安装起步托架外,窗口上沿、阳台栏板下沿、出挑部位等位置也应视为起始位置安装托架。
施工技术要点	托架宽度大于等于2/3板厚,且小于岩棉板厚度。
质量通病防治	可起到临时支撑岩棉板的作用和保证岩棉板外墙外保温系统的联结安全性。
施工注意事项	托架的数量和间隔需严格按照设计要求执行,托架宽度大于等于2/3板厚,且小于岩棉板厚度。

020202　裁切岩棉板

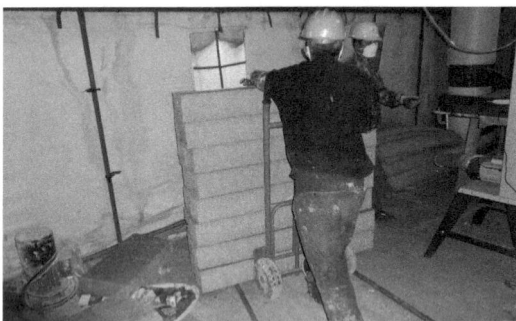

工艺说明：岩棉板自重大，如 1200mm×600mm 的岩棉板整块粘贴上墙操作有难度，为便于施工可将板裁切为 600mm×600mm 的规格进行铺贴。

020203　岩棉板涂界面剂

工艺说明：岩棉纤维对施工人员皮肤有刺激作用，为保护工人健康利于施工，可在岩棉板的粘贴面和外侧表面涂刷界面剂。

020204　外墙大面铺贴岩棉板

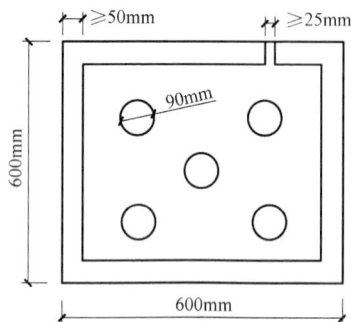

施工工艺说明	岩棉板一般采用点框粘,岩棉板排版宜按水平顺序进行,上下应错缝,错开尺寸宜不小于200mm,阴阳角处应做错槎处理。
施工技术要点	建筑高度不大于24m时,岩棉板与基层墙体的粘结面积率应不小于40%;建筑高度大于24m时,岩棉板与基层墙体的粘结面积率应不小于60%。岩棉板在阳角处留马牙槎,伸出阳角的部分不涂抹胶粘剂。墙面边角处岩棉板的短边尺寸应不小于300mm。
质量通病防治	岩棉板的粘结面积率需达到要求,否则会影响岩棉板外墙外保温系统的联结安全性。
施工注意事项	岩棉板与模塑聚苯板不同,表面不能打磨。岩棉板粘贴完成后,应立即在每块板上安装锚栓或采用其他方式进行辅助固定。

020205 铺贴底层玻纤网

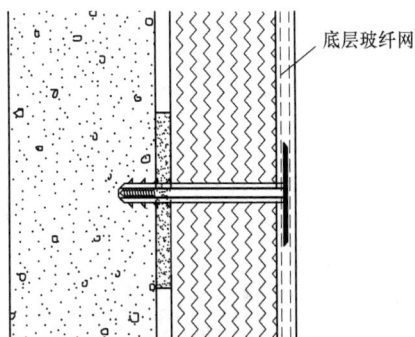

底层玻纤网

工艺说明：将玻纤网放置于底层抹面胶浆上，用抹子从中央向四周展平，玻纤网遇搭接时，搭接宽度不应小于100mm。

020206 锚栓安装

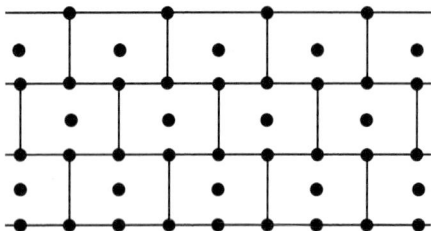

施工工艺说明	锚栓压住底层玻纤网,即铺贴第一层玻纤网并抹中层抹面胶浆完成后再安装锚栓。锚栓安装工艺与锚栓聚苯板外墙外保温系统的相同。
施工技术要点	锚栓安装应在底层玻纤网铺设完 24h 后进行,钻头直径应按照现行行业标准《外墙保温用锚栓》JG/T 366 的要求进行选择。锚栓应按设计数量均匀分布,宜呈梅花形布置。
质量通病防治	锚栓应压住底层玻纤网,如果锚栓直接与压住保温板而非玻纤网,则直接降低岩棉板外墙外保温系统的联结安全性。
施工注意事项	基层墙体为加气混凝土时不应使用电锤和冲击电钻。

020207 铺贴面层玻纤网

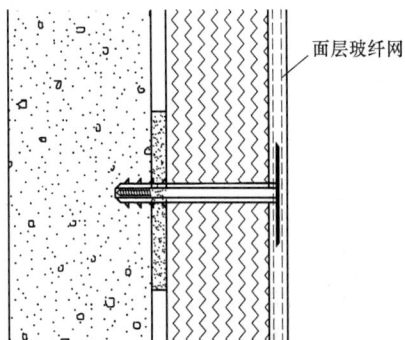

面层玻纤网

工艺说明：岩棉板外墙外保温系统，采用双层玻纤网
结构，即一层玻纤网位于锚栓内侧，一层位于锚栓外侧。

第三节 岩棉条外墙外保温

（本章节只列出岩棉条外墙外保温做法中相对于模塑聚苯板薄抹灰外墙外保温做法的不同步骤，相同的步骤做法不再重复）

020301 安装托架

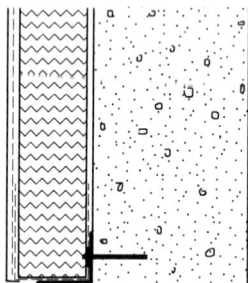

工艺说明：岩棉条外墙外保温系统中，除楼底部保温板起始位置安装托架外，窗口上沿、阳台栏板下沿、出挑部位等位置也应视为起始位置安装托架，托架宽度大于等于2/3板厚，且小于岩棉条厚度。具体施工工艺与模塑聚苯板薄抹灰外保温系统中的托架安装一致。

020302　外墙大面铺贴岩棉条

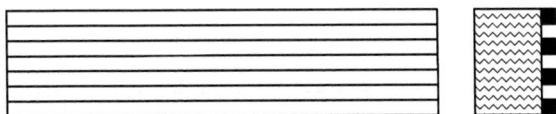

条粘法

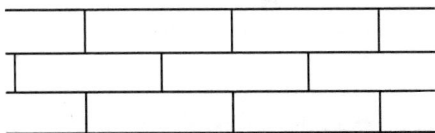

工艺说明：岩棉条外墙外保温做法。岩棉条与基层墙体宜采用条粘法，粘结面积率应不小于70%。墙面边角处岩棉条的长度不小于300mm。

020303　锚栓安装

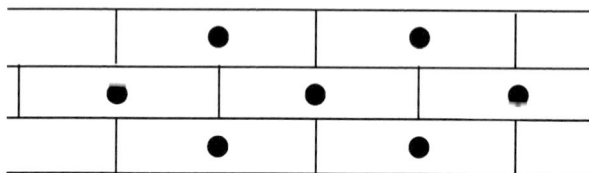

工艺说明：岩棉条外墙外保温的锚栓安装与模塑聚苯板薄抹灰外墙外保温系统的工艺相同，锚栓数量应不小于 $4 个/m^2$，面积大于 $0.1m^2$ 的岩棉条均应设置锚栓。

020304　铺贴玻纤网

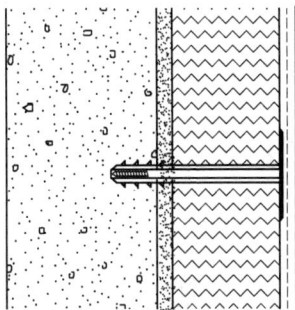

工艺说明：岩棉条外墙外保温系统一般采用单层玻纤网结构，其工艺做法与模塑聚苯板薄抹灰外墙外保温的相同。当基层墙体的平整度不好时，可采用双层玻纤网结构，其工艺做法与岩棉板外墙外保温的相同。

第三章　屋 面 工 程

第一节　保温隔热层工程

030101　清理基层

工艺说明：预制或现浇的混凝土的基层表面，将尘土、杂物等清理干净，需要涂刷界面剂的基层涂刷界面剂。

030102 管根固定

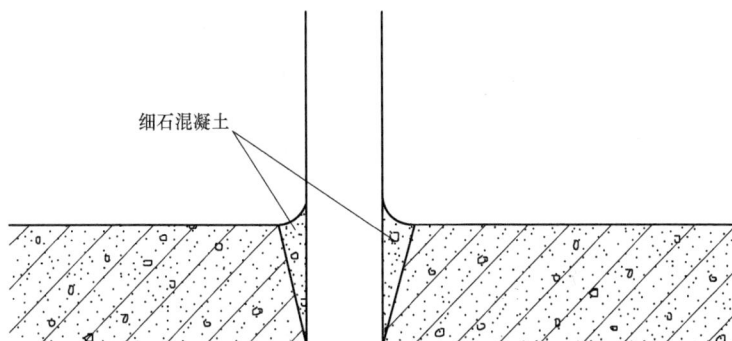

细石混凝土

管根固定

工艺说明：穿过屋面和墙面的管根部位，应用内掺3％膨胀剂的细石混凝土填塞密实，将管根固定。

187

030103　水泥砂浆找平层

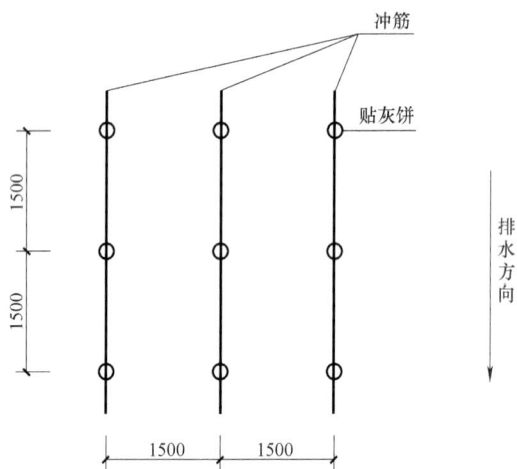

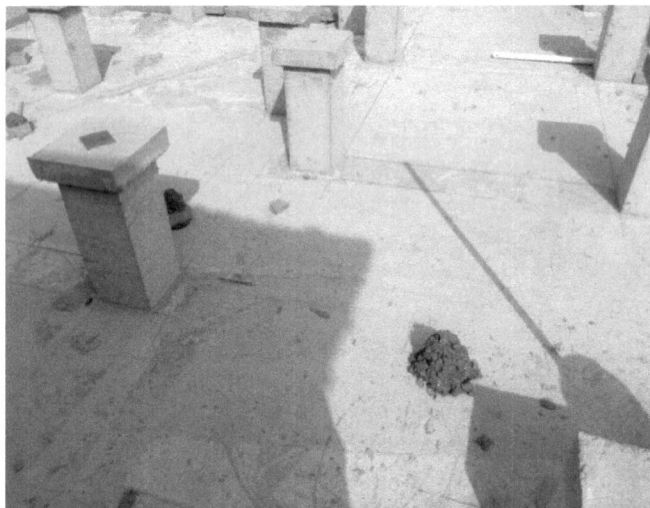

施工工艺说明	根据坡度要求拉线找坡贴灰饼,顺排水方向冲筋,冲筋的间距1.5m;在排水沟、雨水口处找出泛水,冲筋后进行找平层抹灰。
施工技术要点	砂浆配合比要计量准确,搅拌均匀,底层为塑料薄膜隔离层、防水层或不吸水保温层,宜在砂浆中加减水剂并严格控制稠度。砂浆铺设应按照由远到近、由高到低的程序进行,最好在每一分格内连续抹成,严格掌握坡度。
质量通病防治	坡度小、不平整、积水,采用聚合物水泥砂浆修补抹平。 表面起砂、起皮、麻面,应清除起皮、起砂、浮灰,用聚合物水泥涂刷、养护。 转角圆弧不合格,用聚合物水泥砂浆修补或放置聚苯乙烯泡沫条。 找平层裂纹,涂刷一层压密胶,之后聚合物水泥砂浆涂刮修补。
施工注意事项	注意天气变化,如气温在0℃以下,或终凝前可能下雨时,不宜施工。如必须施工时,应有技术措施,保证质量。铺设找平层12h后,需洒水养护或喷冷底子油养护。

030104 细石混凝土找平层

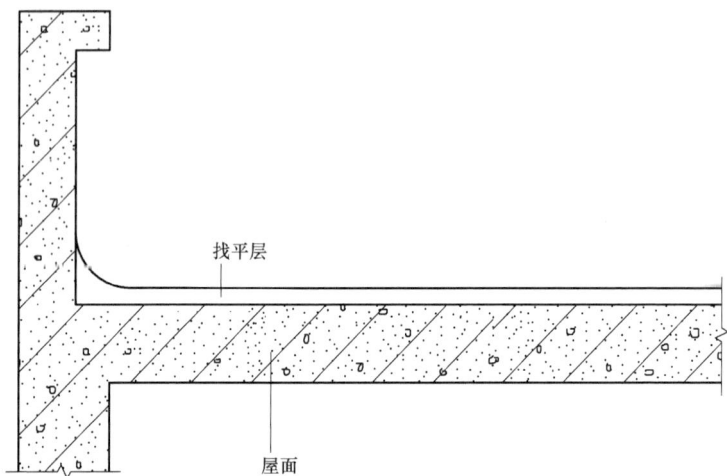

找平层

屋面

施工工艺说明	将搅拌好的细石混凝土铺抹到地面基层上（水泥浆结合层要随刷随铺），紧接着用 2m 长刮杠顺着冲筋刮平，然后用滚筒往返、纵横滚压 3～5 遍，滚压密实直至表面出浆为止，如有凹陷处用同配合比混凝土补平，然后用木抹子搓平。木抹子搓平后，在细石混凝土面层上均匀地撒一薄层干拌水泥砂（1∶1＝水泥∶砂）拌合料，再用 2m 长刮杠刮平。混凝土滚压密实后，用铁抹子轻压面层，将脚印抹平。当面层开始凝结，地面上有脚印但不下陷时，用铁抹子进行第二遍抹面，尽量不留波纹。
施工技术要点	当下一层为水泥混凝土垫层时，铺设前其表面应予湿润；如表面光滑时，尚应进行划毛或凿毛，以利于上下层结合好。铺设时先刷一遍素水泥浆，水灰比宜为 0.4～0.5，要求随刷随铺设混凝土拌合料。
质量通病防治	混凝土运输过程中应防止漏浆和离析。
施工注意事项	混凝土强度等级应符合设计要求，且不小于 C15。立管、套管、泄水口严禁渗漏，坡向正确、无积水。

030105 留设分格缝

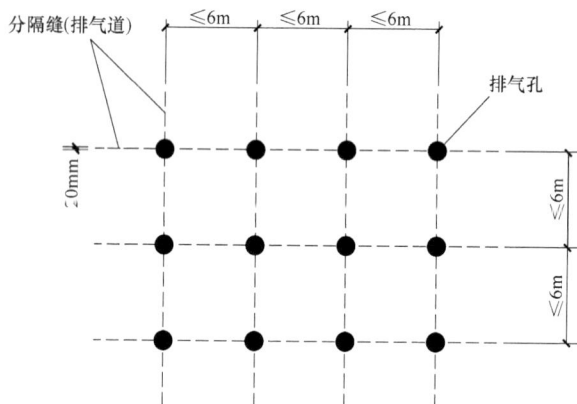

施工工艺说明	工艺说明：找平层要留分格缝，分格缝的宽度一般为 20mm；水泥砂浆或稀释混凝土找平层纵横分格缝的最大间距不超过 6m，分格缝内应填嵌沥青砂等弹性密封材料；基层应坡度正确、平整光洁，平整度偏差不大于 5mm，无空鼓裂缝；防水找平层、防水保护层、面层的分格缝位置上下应对应，面层分格缝预留位置应满足验收规范规定。
施工技术要点	分格缝应设置在结构层屋面板的支承端、屋面转折处（如屋脊）、防水层与突出屋面结构的交接处，并应与板缝对齐。纵横分格缝间距一般不大于 6m，或"一间一分格"，分格面积不超过 36m² 为宜。现浇板与预制板交接处，按结构要求留有伸缩缝、变形缝的部位，分格缝宽宜为 10～20mm。
质量通病防治	分格缝留设的位置和间距不符合设计需求时，可用聚合物水泥砂浆修补抹平后，再使用切割机锯缝。
施工注意事项	分格缝标高等做法应符合设计和规程规定；分格缝的设置位置和间距符合要求。

030106 阴角处理

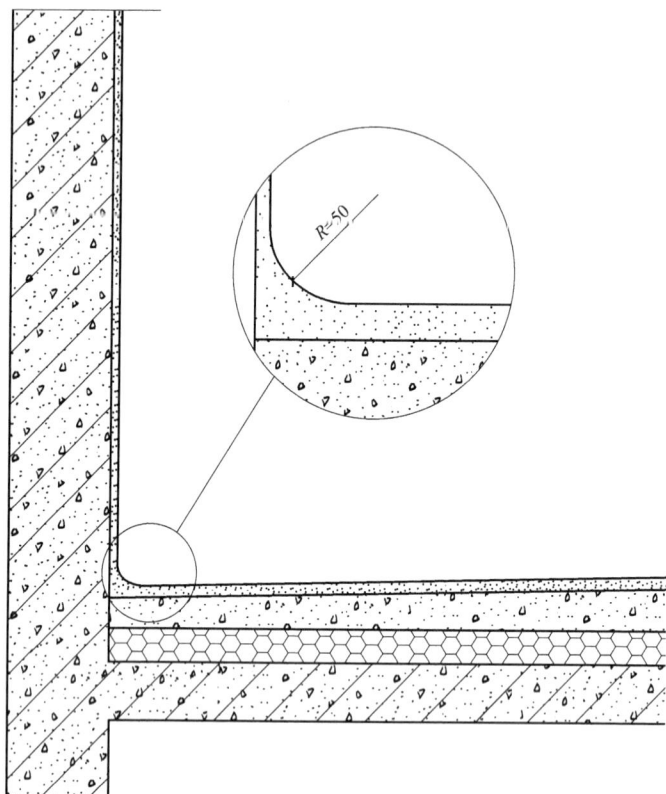

工艺说明：与突出屋面结构（女儿墙、山墙、天窗壁、变形缝、烟囱等）的交接处和基层的转角处，找平层均应做成圆弧形，圆弧半径应符合要求（SBS卷材防水应为50mm）。

第二节　卷材防水屋面

030201　基层处理

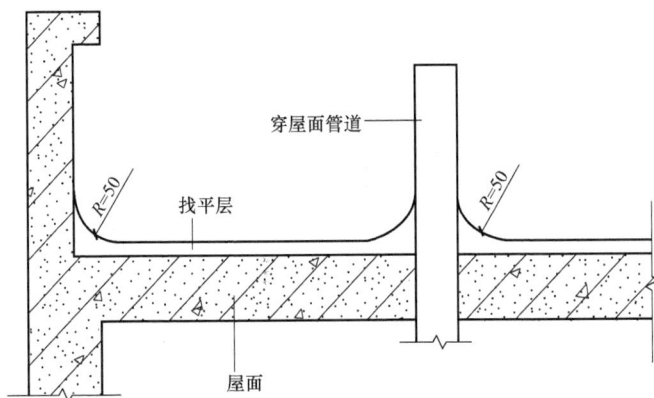

工艺说明：基层表面保持干燥，并要平整、牢固，阴阳角转角处做成圆弧。干燥程度的简易检测方法，将1m² 卷材平坦地铺在找平层上，静置3～4h后掀开检查，找平层与卷材上未见水印即可涂刷基层处理剂，铺贴卷材。

030202 卷材屋面铺贴方向、位置

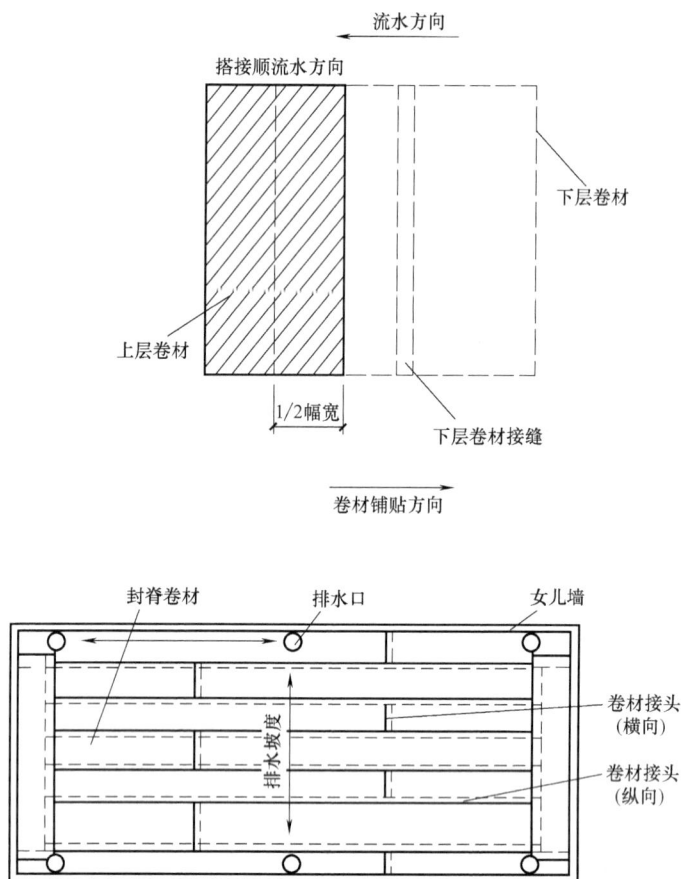

流水方向

搭接顺流水方向

下层卷材

上层卷材

1/2幅宽

下层卷材接缝

卷材铺贴方向

封脊卷材 排水口 女儿墙

卷材接头
（横向）

排水坡度

卷材接头
（纵向）

工艺说明：铺贴从流水坡度的下坡开始，先远后近的顺序进行，使卷材长向与流水坡度垂直，搭接顺流水方向；上下层卷材不得互相垂直铺贴，第二层铺贴的卷材必须与第一层错开1/2宽度。

030203　屋面卷材搭接

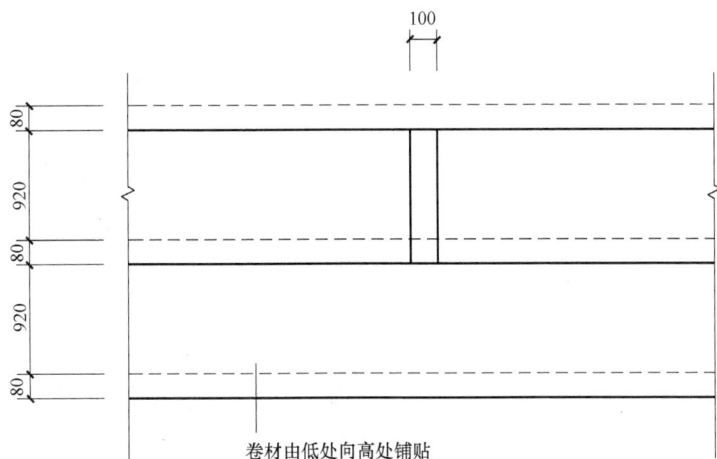

卷材由低处向高处铺贴

工艺说明：高聚物改性沥青防水卷材，胶粘剂搭接100mm，自粘搭接80mm，合成高分子防水卷材，胶粘剂80mm，胶粉带搭接50mm，单缝焊搭接60mm，有效焊接宽不小于25mm，双缝焊搭接80mm，有效焊接宽10×2＋空腔宽度。

030204　卷材热熔搭接缝处理

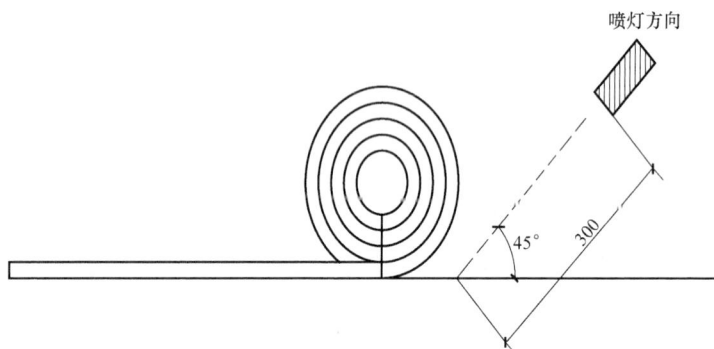

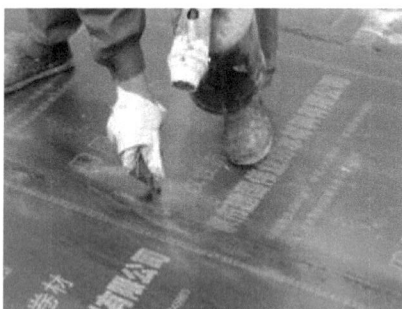

　　工艺说明：热熔铺贴卷材时喷灯嘴应处于成卷卷材与基层夹角中心线上，距粘贴面 300mm 左右处，接缝熔焊粘结后再用火焰及抹子在接缝边缘上均匀地加热抹压一遍。

030205-1 屋面排气道

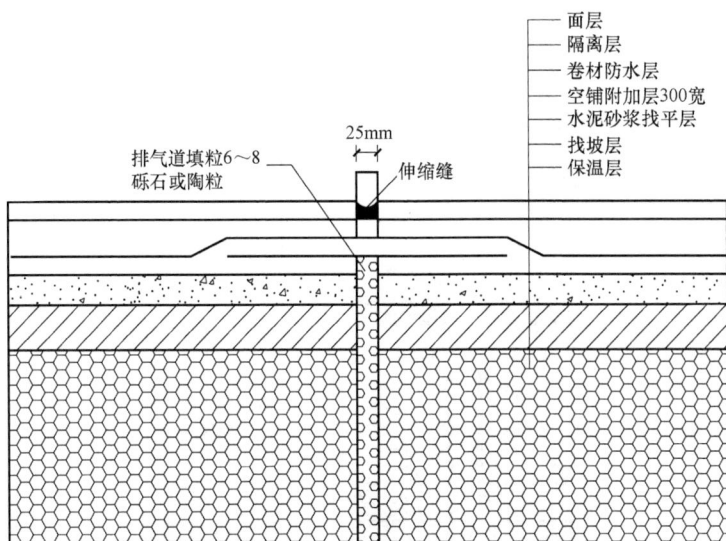

面层
隔离层
卷材防水层
空铺附加层300宽
水泥砂浆找平层
找坡层
保温层

25mm

排气道填粒6~8
砾石或陶粒

伸缩缝

工艺说明：排气道通常设置间距小于6m，排气道所围面积小于36m² 排气道从保温层开始断开至防水层止。排气道应无砂浆、水泥、砂等粉料掺入，确保气体畅通排至排气管。

030205-2 排气口

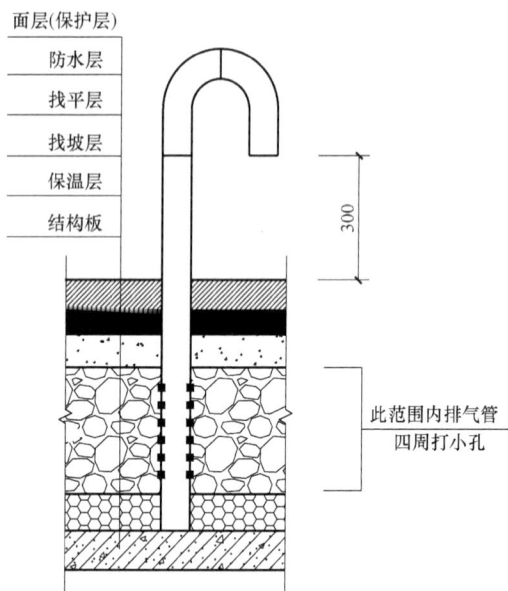

面层(保护层)
防水层
找平层
找坡层
保温层
结构板

300

此范围内排气管
四周打小孔

工艺说明：排气出口应埋设排气管，排气管应设置在结构层上；穿过保温层的管壁应打排气孔，屋面排气孔应做到做法一致、排列整齐、外形美观，应设置在纵横分格缝的相交点处。

030205-3　排气口补救方法

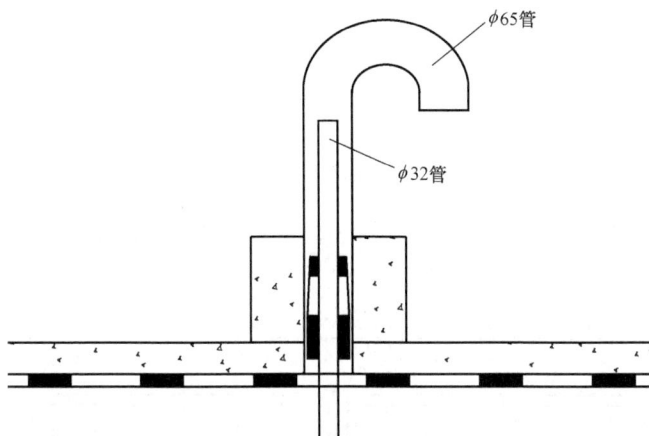

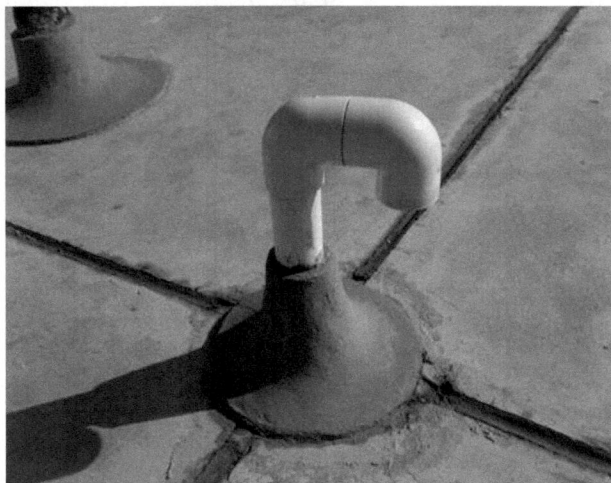

φ65管

φ32管

工艺说明：当原预留的排气管受到污染或破坏时，可采用管外套管的方式进行补救，套管应套在内管卷起防水卷材的外侧，并向下埋入屋面面层内。

030206　檐口的防水构造

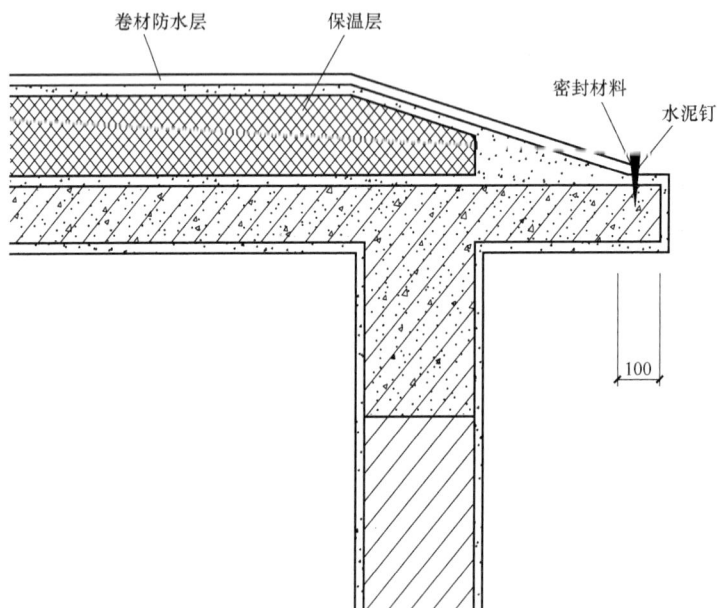

工艺说明：铺贴檐口 800mm 范围内的卷材应采取满粘法；卷材收头应压入凹槽，采用金属压条钉压，并用密封材料封口；涂膜收头应用防水涂料多遍涂刷或用密封材料封严；檐口下端应抹出鹰嘴和滴水槽。

030207　檐沟防水构造

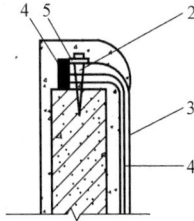

檐沟卷材收头

1-钢压条；2-水泥钉；3-防水层；
4-附加层；5-密封材料

工艺说明：沟内附加层在沟与屋面交接处易空铺，宽度不小于200mm。卷材防水层应由沟底翻上至沟外延顶部，卷材收头应用水泥钉固定，并用密封材料封严；屋面排水沟纵向流水坡度不应小于1‰，水落口周边半径500mm范围内坡度不应小于5％，檐沟表面平整美观、线条顺直，流水通畅、无积水现象。

030208 横式水落口的防水构造

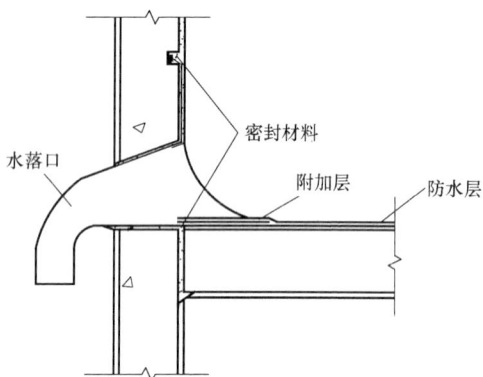

工艺说明：屋面横式水落口杯埋设时，应考虑保温层、防水层的总厚度，横式水落口外侧500mm范围内坡度应不小于5%，并应用厚度不应小于2mm的防水涂料或密封材料涂封；水落口杯与基层接触处应留宽20mm、深20mm凹槽，嵌填弹性密封材料；防水材料应贴进水落口内50mm，并粘结牢固；饰面层应平整光滑、宽窄一致、整齐美观。

030209　直式水落口的防水构造

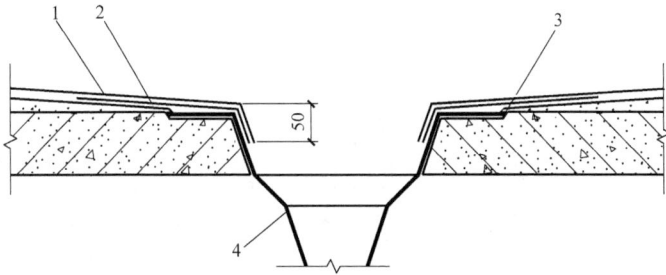

直式水落口

1-防水层；2-附加层；3-密封材料；4-水落口杯

　　工艺说明：屋面直式水落口周围半径500mm范围内坡度不应小于5%，水落口面层排砖整齐、勾缝光滑平整、水落口处无积水现象、水箅子起落灵活，整体达到最佳观感质量。水落口杯与基层接触处应留宽20mm、深20mm凹槽，嵌填密封材料。

030210　泛水收头

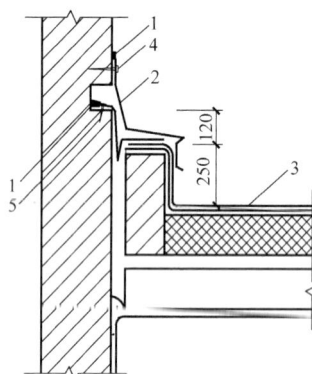

变形缝
1-密封材料；2-金属或高分子盖板；
3-防水层；4-金属压条钉子固定；
5-水泥钉

工艺说明：铺贴泛水处的卷材应采用满粘法；防水卷材泛水收头部位，应用金属压条固定，钉距不大于600mm，且每卷卷材幅宽至少应有两点固定。涂膜防水层应直接涂刷至女儿墙的压顶下，收头处理应用防水涂料多遍涂刷封严，压顶做防水处理。

030210-1　女儿墙收口

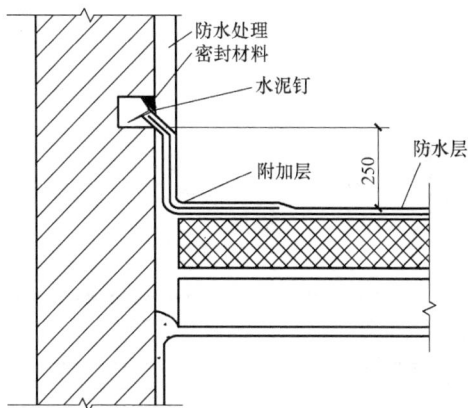

防水处理
密封材料

水泥钉

防水层

附加层

250

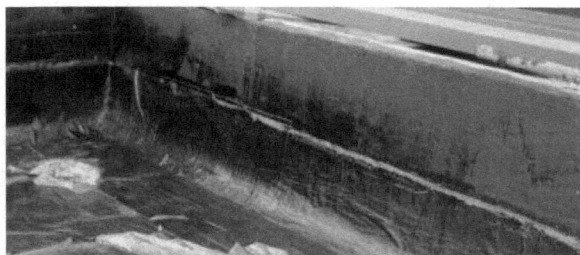

工艺说明：女儿墙为砌筑砖墙且高度不高的情况下，卷材收头可直接铺压在墙压顶下，压顶相应做防水处理；如砌筑女儿墙较高，可在砖墙上留凹槽，卷材收头压入凹槽内固定密封；凹槽距屋面面层高度不应小于250mm，凹槽上部的墙体亦应做防水处理，并可做砖檐。

创优工程应做到：女儿墙压顶向内流水坡度明显，表面光滑平整、阴阳角及滴水槽顺直；如女儿墙压顶檐口做成鹰嘴，应坡度一致、下口平整顺直。立墙防水保护层与屋面面层分格缝对应、宽窄一致、线条顺滑、整齐美观。

030210-2 女儿墙收口做法

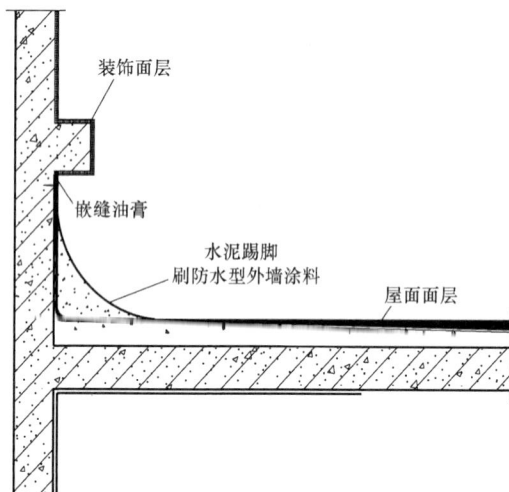

装饰面层

嵌缝油膏

水泥踢脚
刷防水型外墙涂料

屋面面层

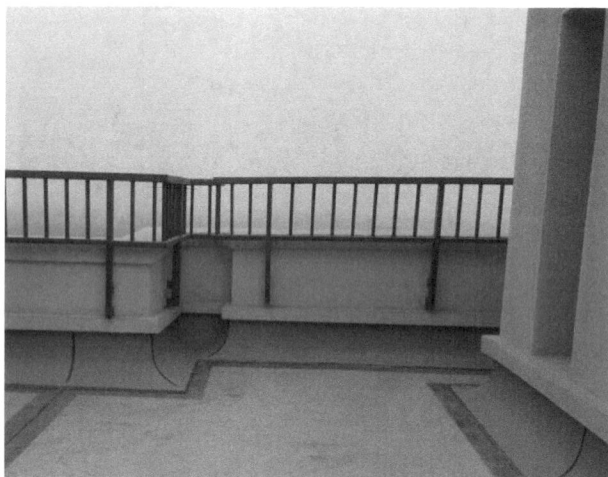

工艺说明：屋面与女儿墙交接处，做水泥踢脚并涂刷防水型外墙涂料。踢脚与墙面面层及屋面面之间留伸缩缝，并填塞嵌缝油膏等柔性防水嵌缝材料。

030210-3 分格缝

工艺说明：屋面面层与立墙（女儿墙）交接处应设置30mm宽分格缝，嵌填弹性密封材料（如塑胶等），女儿墙分格缝要与屋面分格缝贯通。

030211　变形缝防水构造

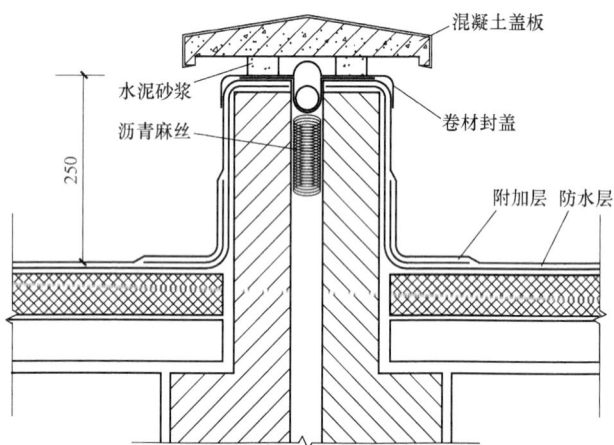

工艺说明：变形缝的反水高度不应小于250mm；防水层应铺贴到变形缝两侧砌体的上部；变形缝内填充泡沫塑料或沥青麻丝，上部填放衬垫材料，并用卷材封盖；变形缝顶部加盖混凝土或金属盖板，混凝土盖板的接缝嵌填密封材料。

030212　出屋面管道

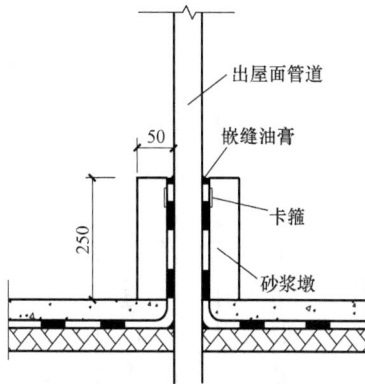

工艺说明：管道根部按照防水要求做八字角和附加层，卷材卷起不应小于250mm，上端用卡箍固定。砂浆墩与管道之间填塞柔性防水嵌缝油膏。砂浆墩外侧可根据设计要求的颜色和材质涂刷防水型外墙涂料。

030213　出屋面支架

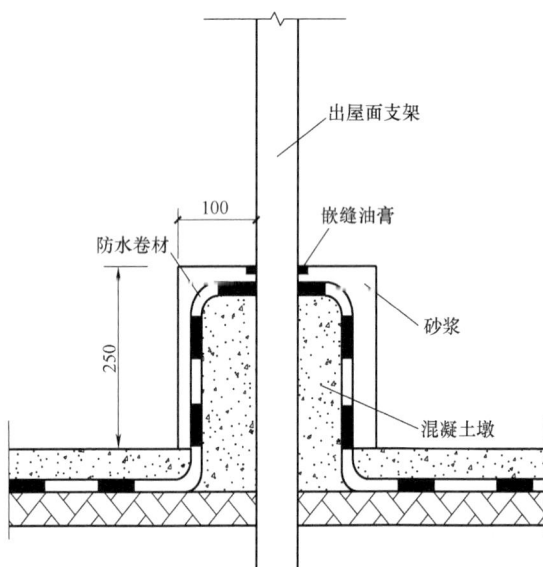

工艺说明：支架根部在做找平层时先做好混凝土墩，防水卷材卷到混凝土墩上部，然后做砂浆保护层，保护层与管道支架之间填塞柔性防水嵌缝油膏。

030214　管道支架根部处理

工艺说明：伸出屋面管道、支架根部的找平层应做成圆锥台，管道根部 500mm 范围内，找平层应抹出高度不小于 30mm 的圆台；管道与找平层间应留 20mm×20mm 的凹槽，并嵌填密封材料；管道根部四周增设防水附加层，宽度和高度均不小于 300mm，该部位防水层收头处用金属箍（或镀锌钢丝）拧紧，并用密封材料封严；保护墩应盖住防水收头，与屋面面层之间留置分格缝。

第三节 涂膜防水屋面

030301 防水涂料搅拌

施工工艺说明	双组分涂料使用前必须搅拌均匀,配料应根据厂家提供的配合比配置,主剂和固化剂的混合偏差不大于±5%。
施工技术要点	涂料混合时,应先将主剂放入搅拌容器,然后放入固化剂并立即开始搅拌。搅拌的混合料以颜色均匀一致为标准。如涂料稠度太大,可根据厂家提供的品种数量添加稀释剂。
质量通病防治	涂膜层过厚或过薄,影响防水效果及施工质量,应在施工前按设计要求事先确定每道涂料涂刷的厚度及每个涂层需要涂刷的遍数。
施工注意事项	每次配置数量应根据涂刷面积计算确定。混合后的涂料存放时间不得超过规定的可使用时间。不得一次搅拌过多,以免涂料发生凝聚或固化而无法使用。

030302　涂布防水涂料

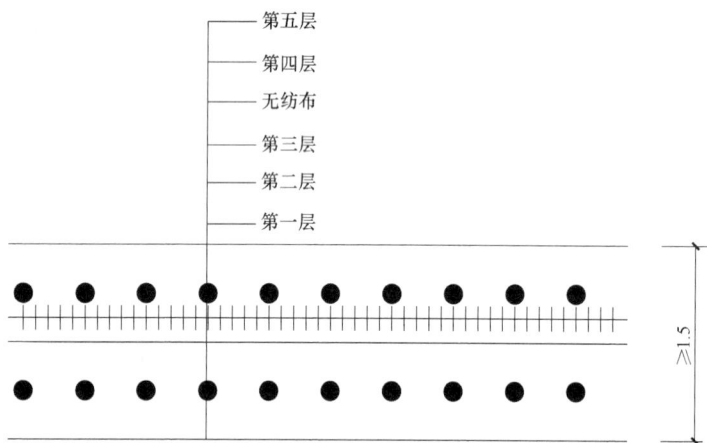

第五层
第四层
无纺布
第三层
第二层
第一层

≥1.5

施工工艺说明	采用长板刷或圆形滚动涂刷,涂刷要横竖交叉进行,达到平整均匀、厚度一致。每层涂刷完约 4h 后涂料可固结成膜,自后可进行下一层涂刷。为消除屋面因温度变化产生膨胀,再涂刷第二层涂膜后铺无纺布同时涂刷第三层涂膜。无纺布搭接要求不小于100mm。屋面涂刷厚度根据防水等级确定,JS涂膜防水厚度不得小于 1.5mm。
施工技术要点	涂料涂布应分条或按顺序进行,分条进行时,每条宽度应与胎体增强材料宽度一致,以避免操作人员误踩踏刚涂好的涂层。
质量通病防治	为避免涂膜厚度不均匀,出现露底、气泡、表面不平整的情况,应先将涂料直接分散倒在屋面基层上,用刮板来回刮涂,使其厚薄均匀。
施工注意事项	立面部位涂层应该在平面涂布前进行,涂布次数应根据涂料的流平性确定。

030303　铺设胎体增强材料

施工工艺说明	在涂刷第二遍涂料时,或第三遍涂料涂刷前,即可加铺胎体增强材料。
施工技术要点	在上道涂层干燥后,边干铺胎体增强材料,边在已展平的表面上用刮板均匀满刮一道涂料。
质量通病防治	材料质地柔软,易变形,铺贴时不易展开,出现的褶皱、翘边、空鼓现象,无大风情况下,使用干铺法施工。
施工注意事项	胎体增强材料铺设后,应严格检查表面是否有缺陷或搭接不严等现象,如发现上述情况,应及时修补完整,使其形成一个完整的防水层。

030304　涂料热熔刮涂施工

施工工艺说明	将涂料加入融化釜中,逐渐加热至190℃左右,保温待用。涂布时将融化的涂料倒在基面上,迅速用带齿的刮板刮涂。
施工技术要点	操作时一定要快速、准确,必须在涂料冷却前刮涂均匀,否则涂膜发黏,就无法将涂料刮开、刮匀。
质量通病防治	施工时应合理地控制好上料量,尽量缩短上料和刮涂的时间间隔。如温度过低,可将基层用喷灯烤热后再上料刮涂,避免发生涂膜尚未刮匀即已冷却发黏无法刮开。
施工注意事项	增设胎体增强材料的涂膜防水层施工时,涂料每遍涂刮的厚度控制在1~1.5mm。铺贴胎体增强材料时应采用分条间隔施工法,在涂料刮涂均匀后立即铺贴胎体增强材料,然后再刮涂第2遍至设计厚度。

030305 涂料冷喷涂施工

工艺说明：将防水涂料置于密闭容器中，通过齿轮泵或空气泵，将涂料通过输送管至喷枪处，将涂料喷涂于基面，形成一层均匀致密的防水层。

030306 涂料冷喷涂施工

工艺说明：将涂料加入加热容器中，加热至180～200℃，待全部融化至流态后，启动沥青泵开始输送涂料并喷涂。喷涂时注意枪头与基面夹角成45°角，枪头与基面距离60cm左右。

030307　檐沟、檐口的防水构造

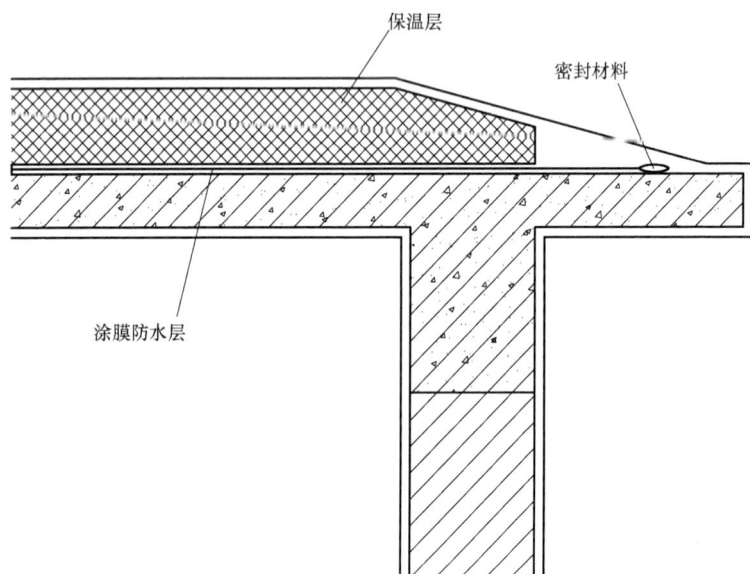

工艺说明：防水涂料涂布至檐沟、檐口处时，应加铺有胎体增强材料的附加层，宽度不小于200mm，并在端头用密封材料封严。

030308　泛水处防水构造

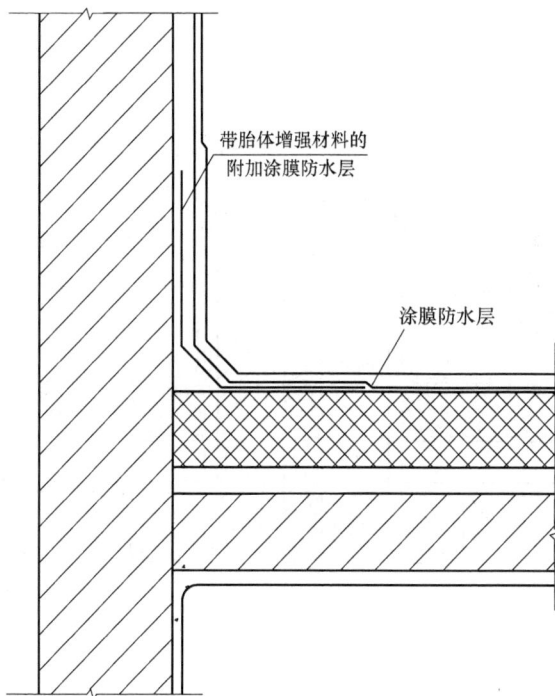

带胎体增强材料的
附加涂膜防水层

涂膜防水层

工艺说明：泛水处应加铺有胎体增强材料的附加层，
此处的涂膜防水材料宜直接涂刷至女儿墙压顶下，压顶应
采用铺贴卷材或涂刷涂料等作防水处理。

030309　变形缝防水构造

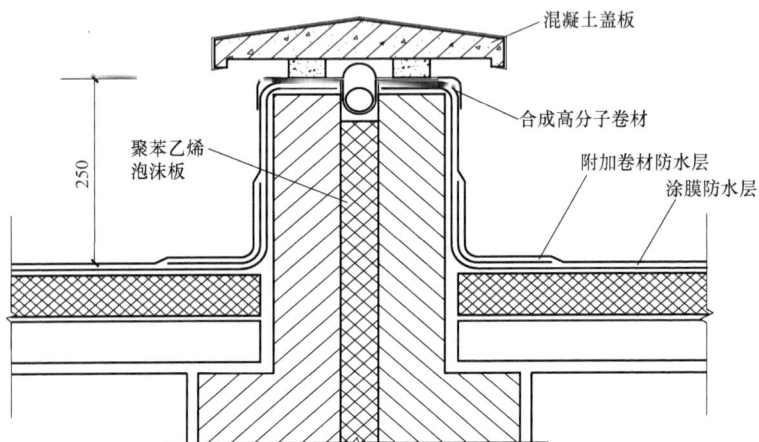

混凝土盖板

合成高分子卷材

附加卷材防水层

涂膜防水层

聚苯乙烯泡沫板

250

工艺说明：变形缝的反水高度不应小于250mm；防水层应铺贴到变形缝两侧砌体的上部；变形缝内填充泡沫塑料，上部填放衬垫材料，并用卷材封盖；变形缝顶部加盖混凝土或金属盖板，混凝土盖板的接缝嵌填密封材料。

第四节　保护层及面层

030401　浅色、反射涂料保护层

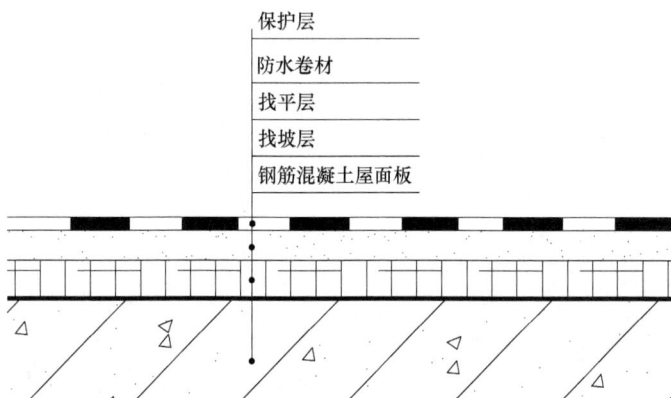

保护层
防水卷材
找平层
找坡层
钢筋混凝土屋面板

工艺说明：涂刷浅色反射涂料应等防水层养护完毕后进行，涂刷前，应清除防水层表面的浮灰。涂刷应均匀，避免漏涂。两遍涂刷时，第二遍涂刷方向应与第一遍垂直。

030402　预制板块保护层

　　工艺说明：板块铺砌前作好分格布置、找平或找坡标准块，挂线铺砌操作，使块体布置横平竖直、缝口宽窄一致、表面平整、排水坡度正确。块体铺砌前应浸水湿润并晾干。铺砌要在水泥砂浆初凝前完成，做到块体表面平整、结合砂浆密实，较大块体可铺灰摆放、小板块可打灰铺砌。

　　接头缝宽度按10mm左右控制，也可在块体铺砌并养护1～2d后经清扫、湿润缝口后再予以勾实。

030403 细石混凝土保护层

横向分格缝

工艺说明：细石混凝土保护层施工前，应在防水层上铺设一层隔离层，并支设好分格缝。

一个分格内的细石混凝土宜一次连续完成，宜采取滚压或人工拍实、刮平表面，木抹子二次提浆收平。注意施工不宜采取机械振捣方式，不宜掺加水泥砂浆或干灰来抹压、收光表面。细石混凝土初凝后及时取出分格缝木条，修整好缝边。终凝前铁抹子压光。保护层内如配筋，钢筋网片设置在保护层中间偏上部位，预先用砂浆垫块支垫以保证位置。适时开始养护，养护时间不应少于7d，完成养护后干燥和清理分格缝、嵌填密封材料封闭。

030404 上人屋面地砖铺贴

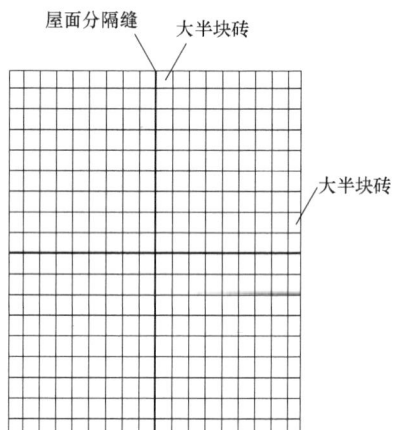

工艺说明：此种做法适用卷材防水上人屋面。在防水层表面铺摊水泥砂浆进行地砖铺贴，铺贴过程中注意屋面的排水坡向及坡度，雨水口处不得积水；创优工程要做到屋面流水坡向正确、无积水；饰面砖排砖整齐合理、无空鼓，砖缝顺直、宽窄一致；排水口、突出物等周边排砖整齐、美观。

030405　水落管及排水口

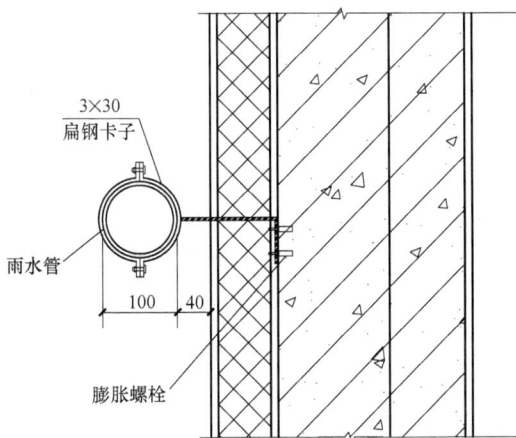

　　工艺说明：屋面外露竖向水落管每节不少于一个管卡，且安装牢固；水落管内径应不小于75mm，距墙应不小于20mm，排水口距水簸箕宜为150～200mm；管卡应设在靠近水落管接头处、弯头处，管卡与墙交接处应打密封胶，防止墙面渗水。

030406　屋面水簸箕做法

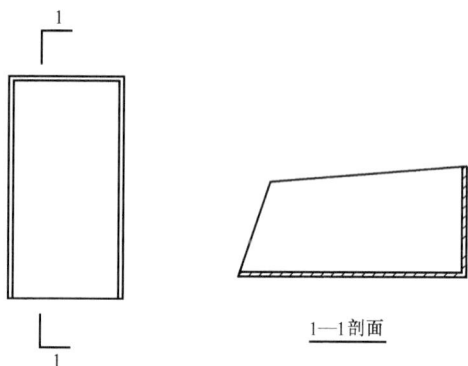

1—1剖面

工艺说明：水簸箕可以采用如图的石材边角料加工制作，也可以按照传统做法采用砂浆制品。

030407 平屋面排风道

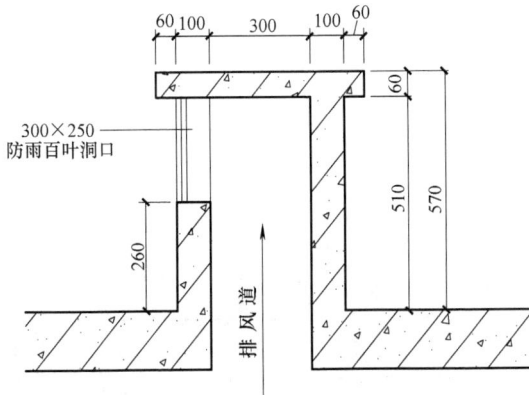

工艺说明：滴水槽宽 10mm、深 10mm，槽内平整光滑、棱角方正；盖板和腰线阳角平直方正，分色清晰、无污染；檐口做成坡度明显、底口光滑、线条顺直的鹰嘴；盖板顶部如抹灰，应留置 10mm 宽分格缝，避免开裂。

第五节　刚性防水屋面

030501　准备工作

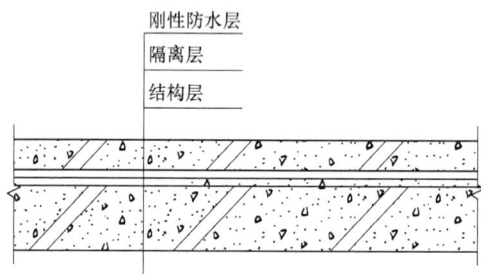

刚性防水层

隔离层

结构层

刚性防水屋面构造

施工工艺说明	刚性防水屋面是采用混凝土浇捣而成的屋面防水层。在混凝土中掺入膨胀剂、减水剂、防水剂等外加剂,使浇筑后的混凝土细致密实,水分子难以通过,从而达到防水的目的。
施工技术要点	混凝土材料,按设计要求备齐各种材料,并应按工程需要量一次备足,保证混凝土连续一次浇捣完成。钢筋:按设计要求施工。嵌缝材料:宜采用改性沥青基密封材料或合成高分子密封材料,也可采用其他油膏或胶泥。北方地区应选用抗冻性较好的嵌缝材料。
质量通病防治	刚性防水屋面不得有渗漏和积水现象。所用的混凝土、砂浆原材料,各种外加剂及配套使用的材料等必须符合质量标准和设计要求。进场材料应按规定检验合格。穿过屋面的管道等与屋面交接处,周围要用柔性材料增强密封,不得渗漏;各节点做法应符合设计要求。混凝土、砂浆的强度等级、厚度及补偿收缩混凝土的自由膨胀率应符合设计要求。屋面坡度应准确,排水系统应通畅。刚性防水层厚度符合要求,表面平整度不超过 5mm,不得起砂、起壳和裂缝。防水层内钢筋位置应准确。分格缝应平直,位置正确。密封材料应嵌填密实,盖缝卷材应粘贴牢固,无脱开现象。
施工注意事项	刚性防水层严禁在雨天施工,因为雨水进入刚性防水材料中,会增加水灰比,同时使刚性防水层表面的水泥浆被雨水冲走,造成防水层疏松、麻面、起砂等现象,丧失防水能力。施工环境温度宜在 5～35℃,不得在负温和烈日暴晒下施工,也不宜在雪天或大风天气施工,以避免混凝土、砂浆受冻或失水。

030502　隔离层施工

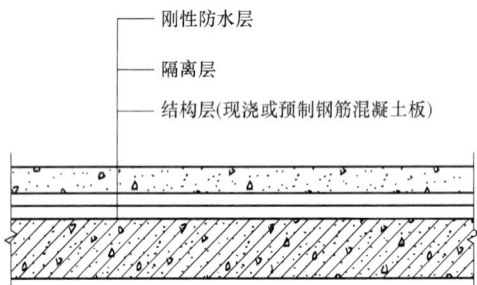

刚性防水层

隔离层

结构层(现浇或预制钢筋混凝土板)

施工工艺说明	刚性防水层与结构层之间应脱离,即在结构层与刚性防水层中间增加一层低强度等级砂浆、卷材、塑料薄膜等材料,起隔离作用,使刚性防水层和结构层变形互不受约束,以减少因结构变形使防水混凝土产生的拉应力,减少刚性防水层的开裂。
施工技术要点	黏土砂浆隔离层施工:预制板缝填嵌细石混凝土后板面应清扫干净,洒水湿润,但不得积水,将按石灰膏:砂:黏土=1:2.4:3.6配合比的材料拌合均匀,砂浆以干稠为宜,铺抹的厚度约10~20mm,要求表面平整,压实、抹光,待砂浆基本干燥后,方可进行下道工序施工。石灰砂浆隔离层施工:施工方法同上。砂浆配合比为石灰膏:砂=1:4。水泥砂浆找平层铺卷材隔离层施工:用1:3水泥砂浆将结构层找平,并压实抹光养护,再在干燥的找平层上铺一层3~8mm干细砂滑动层,在其上铺一层卷材,搭接缝用热沥青玛琋脂盖缝。也可以在找平层上直接铺一层塑料薄膜。
质量通病防治	因为隔离层材料强度低,在隔离层继续施工时,要注意对隔离层加强保护,混凝土运输不能直接在隔离层表面进行,应采取垫板等措施,绑扎钢筋时不得扎破表面,浇捣混凝土时更不能振酥隔离层。
施工注意事项	隔离层铺设前,应将基层表面的砂粒、硬块等杂物清扫干净,防止铺贴时损伤隔离层。

030503　分格缝留置

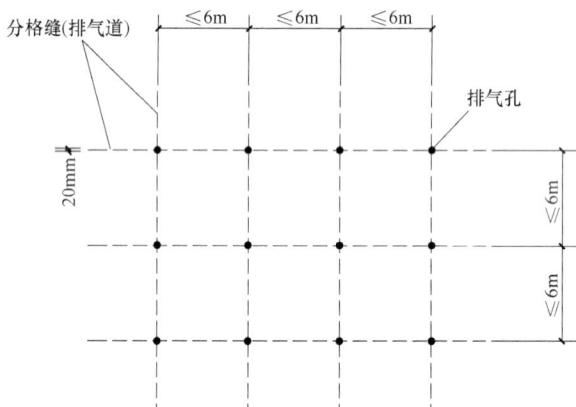

施工工艺说明	分格缝留置是为了减少因温差、混凝土干缩、徐变、荷载和振动等变形造成刚性防水层开裂,分格缝部位应按设计要求设置。
施工技术要点	分格缝应设置在结构层屋面板的支承端、屋面转折处(如屋脊)、防水层与突出屋面结构的交接处,并应与板缝对齐。纵横分格缝间距一般不大于 6m,或"一间一分格",分格面积不超过 36m² 为宜。现浇板与预制板交接处,按结构要求留有伸缩缝、变形缝的部位。分格缝宽宜为 10~20mm。
质量通病防治	分格缝可采用木板条,在混凝土浇筑前支设,混凝土浇筑完毕,收水初凝后取出分格缝模板。或采用聚苯乙烯泡沫板支设,待混凝土养护完成、嵌填密封材料前按设计要求的高度用电烙铁熔去表面的泡沫板。
施工注意事项	分格缝标高等做法应符合设计和规程规定;分格缝的设置位置和间距符合要求。

030504　钢筋网片施工

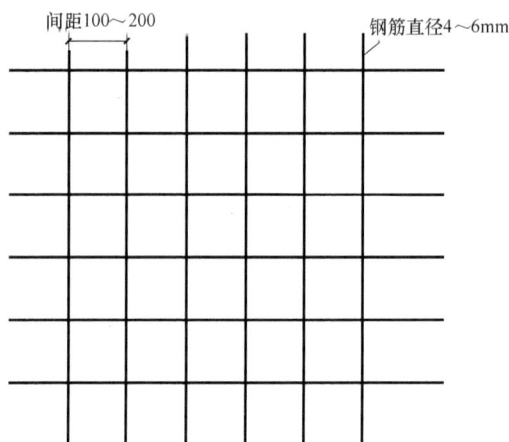

间距100～200　　　　　　　钢筋直径4～6mm

施工工艺说明	钢筋网片是纵向钢筋和横向钢筋分别以一定的间距排列且互成直角、全部交叉点均焊接或绑扎在一起的网片。
施工技术要点	钢筋网配置应按设计要求,一般设置直径为4～6mm、间距为100～200mm双向钢筋网片。网片采用绑扎和焊接均可,其位置以居中偏上为宜,保护层不小于10mm。
质量通病防治	钢筋要调直,不得有弯曲、锈蚀、沾油污。
施工注意事项	分格缝处钢筋网片要断开。为保证钢筋网片位置留置准确,可采用先在隔离层上满铺钢丝绑扎成型后,再按分格缝位置剪断的方法施工。

030505 细石混凝土防水层施工

细石混凝土防水层
隔离层
结构层(现浇或预制钢筋混凝土板)

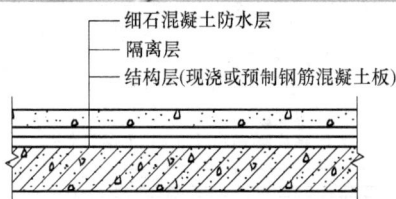

施工工艺说明	浇捣混凝土前,应将隔离层表面浮渣、杂物清除干净;检查隔离层质量及平整度、排水坡度和完整性;支好分格缝模板,标出混凝土浇捣厚度,厚度不宜小于 40mm。
施工技术要点	材料及混凝土质量要严格保证,经常检查是否按配合比准确计量,混凝土搅拌应采用机械搅拌,搅拌时间不少于 2min。混凝土运输过程中应防止漏浆和离析。混凝土收水初凝后,及时取出分格缝隔板,用铁抹子第二次压实抹光,并及时修补分格缝的缺损部分,做到平直整齐;待混凝土终凝前进行第三次压实抹光,要求做到表面平光,不起砂、起皮、无抹板压痕为止,抹压时,不得洒干水泥或干水泥砂浆。待混凝土终凝后,必须立即进行养护,应优先采用表面喷洒养护剂养护,也可用蓄水养护法或稻草、麦草、锯末、草袋等覆盖后浇水养护,养护时间不少于 14d,养护期间保证覆盖材料的湿润,并禁止闲人上屋面踩踏或在上继续施工。
质量通病防治	混凝土运输过程中应防止漏浆和离析。
施工注意事项	一个分格缝范围内的混凝土必须一次浇捣完成,不得留施工缝。

030506 小块体细石混凝土防水层施工

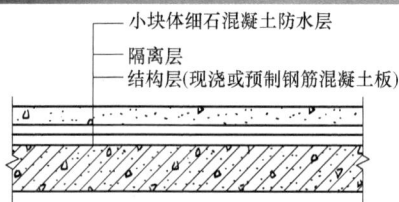

— 小块体细石混凝土防水层
— 隔离层
— 结构层(现浇或预制钢筋混凝土板)

施工工艺说明	小块体细石混凝土防水层是在混凝土中掺入密实剂,以减少混凝土的收缩,避免产生裂缝。混凝土中不配置钢筋,而实施除板端缝外,将大块体划分为不大于 1.5m×1.5m 分格的小块体的一种防水层。
施工技术要点	设计和施工要求与普通细石混凝土要求完全相同,不同点只在 15~30m 范围内留置一条较宽的完全分格缝,宽度宜为 20~30mm,1.5m 的分格缝,缝宽宜为 7~10mm,分格缝中应填嵌高分子密封材料。
质量通病防治	为防止小块体混凝土产生裂缝,细石混凝土中应掺入密实剂,也可以掺入膨胀剂、抗裂纤维等材料。
施工注意事项	小块体细石混凝土的分格缝应根据建筑的开间和进深均匀划分,7~10mm 的缝宽,采用定型钢框模板留设,使分格缝位置准确、顺直,缝边平整;在 15~30m 范围内应留一条较宽的完全分格缝,20~30mm 缝宽,采用木模留设。

030507 檐沟檐口

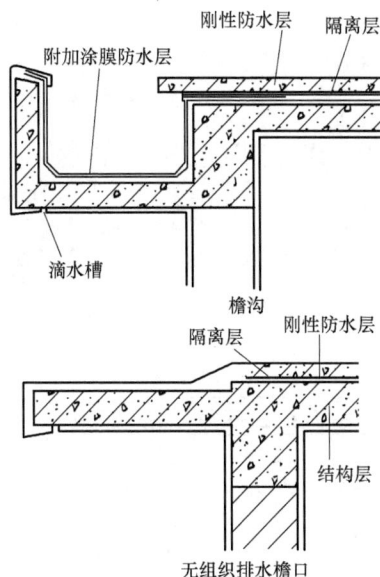

无组织排水檐口

施工工艺说明	檐沟在现代大多用水泥板之类的建筑材料建成,为了让雨水能够很快、很畅通地流到地面排走,一般采取中间高两边低的排水形式,同时在房屋的两边留一个下水管洞口,这样就可以直接通过管道连接后排到地面排走。
施工技术要点	屋面排水沟纵向流水坡度不应小于1%,水落口周边半径500mm范围内坡度不应小于5%,檐沟表面平整美观、线条顺直、流水通畅、无积水现象。檐口下端应抹出鹰嘴和滴水槽。
质量通病防治	沟内施工前,先检查预制天沟的接头和屋面基层结合处的灌缝是否严密和平整,水落口杯要安装好,排水坡度不宜小于1%,沟底阴角要抹成圆弧,转角处阳角要抹成钝角。
施工注意事项	檐沟、檐口标高等做法应符合设计和规程规定、做法正确。

030508 分格缝

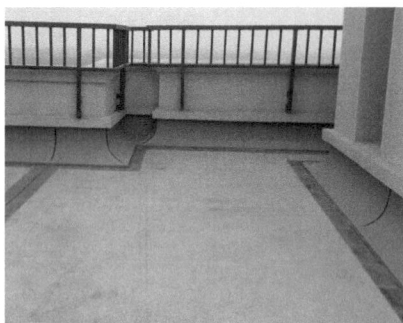

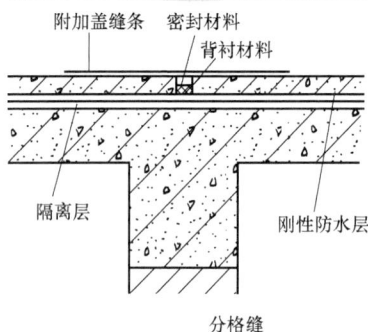

分格缝

施工工艺说明	分格缝留置是为了减少因温差、混凝土干缩、徐变、荷载和振动等变形造成刚性防水层开裂,屋面面层与立墙(女儿墙)交接处应设置分格缝。
施工技术要点	分格缝宽 30mm,嵌填弹性密封材料(如塑胶等),女儿墙分格缝要与屋面分格缝贯通。
质量通病防治	分格缝可采用木板条,在混凝土浇筑前支设,混凝土浇筑完毕,收水初凝后取出分格缝模板。或采用聚苯乙烯泡沫板支设,待混凝土养护完成、嵌填密封材料前按设计要求的高度用电烙铁熔去表面的泡沫板。
施工注意事项	分格缝标高等做法应符合设计和规程规定,分格缝的设置位置和间距符合要求,分格缝和檐口平直。

030509　立墙泛水

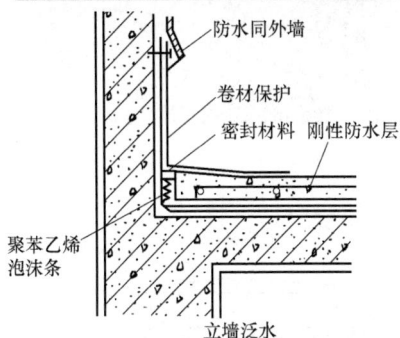

防水同外墙
卷材保护
密封材料　刚性防水层
聚苯乙烯
泡沫条

立墙泛水

施工工艺说明	泛水是建筑的一种防水构造,保证女儿墙、外墙不受雨水冲刷,以及保护屋面其余地方的防水层。泛水高度需满足规范和设计要求,屋面与垂直女儿墙面的交接缝处,砂浆找平层应抹成圆弧形或45°斜面。
施工技术要点	屋面刚性防水层与立墙所有竖向结构及交接处都应断开,留出20～30mm的间隙,并用密封材料嵌填密封,屋面与立墙等处应作成圆弧状,圆弧半径150mm。
质量通病防治	立墙泛水圆弧弧度应一致,内配钢筋或铺玻纤布,若局部较厚时就先找平使面层刚性层厚度不大于4cm,玻纤布应铺面刚性层面,但保护层厚度不小于1cm。
施工注意事项	压顶向内流水坡度明显,表面光滑平整、阴阳角及滴水槽顺直;如女儿墙压顶檐口做成鹰嘴,应坡度一致、下口平整顺直。立墙防水保护层与屋面面层分格缝对应、宽窄一致,线条顺滑、整齐美观。

030510 变形缝

变形缝
（预制混凝土压顶板　衬垫材料　合成高分子卷材　合成高分子卷材　合成高分子卷材附加增强层　密封材料　背衬材料　刚性防水层　聚苯乙烯泡沫板）

施工工艺说明	建筑构件因温度和湿度等因素的变化会产生胀缩变形。为此,通常在建筑物适当的部位设置垂直缝隙,自基础以上将房屋的墙体、楼板层、屋顶等构件断开,将建筑物分离成几个独立的部分。为克服过大的温度差而设置的缝,基础可不断开,从基础顶面至屋顶沿结构断开。
施工技术要点	变形缝的泛水高度不应小于 250mm,变形缝内填充泡沫塑料或沥青麻丝,上部填放衬垫材料,变形缝顶部加盖混凝土或金属盖板,混凝土盖板的接缝嵌填密封材料。
质量通病防治	嵌填密封材料的基层应牢固、干净、干燥,表面应平整、密实。不得有蜂窝、麻面、起皮或起砂现象,嵌填的密封材料表面应平滑,缝边应顺直,无凹凸不平现象。
施工注意事项	施工中和施工结束后不得在檐口处堆放材料及其他物品,不得任意拿掉变形缝顶部盖板。

030511　伸出屋面管道

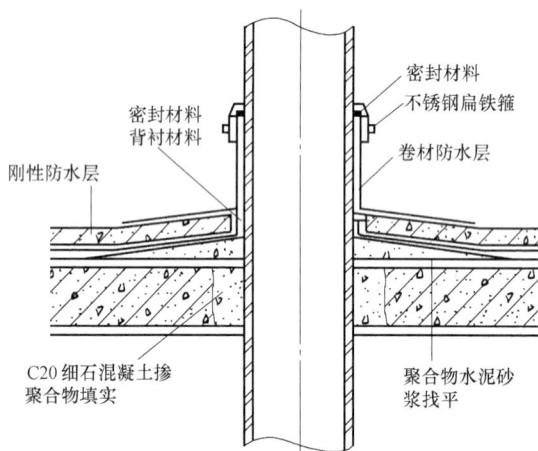

伸出屋面管道

施工工艺说明	管道根部按照防水要求做成八字角,上端用卡箍固定。砂浆墩与管道之间填塞柔性防水嵌缝油膏。砂浆墩外侧可根据设计要求的颜色和材质涂刷防水型外墙涂料。
施工技术要点	伸出屋面管道通常采用金属或PVC管材,温差变化引起的材料收缩会使管壁四周产生裂纹,所以在管壁四周的找平层应预留凹槽用密封材料封严,并增设附加层。上翻至管壁的防水层应用金属箍或铁丝紧固,再用密封材料封严。
质量通病防治	穿过屋面的管道等与屋面交接处,周围要用柔性材料增强密封,不得渗漏,各节点做法应符合设计要求。
施工注意事项	伸出屋面管道应排列整齐,高度一致。出屋面的结构及管道周围的找平层应做成圆(方)锥台,做到不空不裂、线条顺直。

030512　女儿墙压顶及泛水

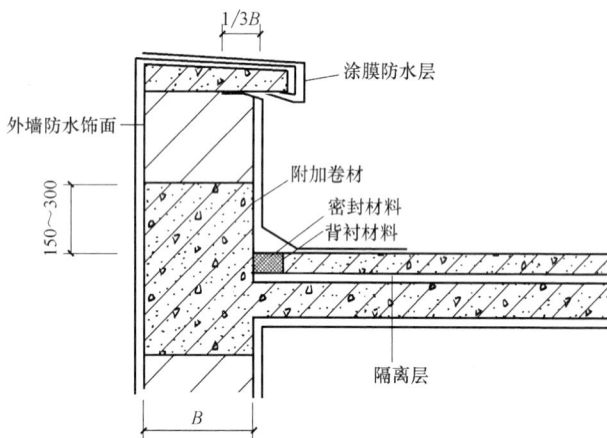

女儿墙压顶及泛水

施工工艺说明	女儿墙压顶是指在女儿墙最顶部现浇混凝土,用来压住女儿墙,使之连续性、整体性更好。
施工技术要点	屋面刚性防水层与女儿墙所有竖向结构及交接处都应断开,留出 20～30mm 的间隙,并用密封材料嵌填密封,屋面与女儿墙等处应作成圆弧状,圆弧半径150mm。
质量通病防治	女儿墙泛水圆弧弧度应一致,内配钢筋或铺玻纤布,若局部较厚时就先找平使面层刚性层厚度不大于40mm,玻纤布应铺面刚性层面,但保护层厚度不小于 10mm。
施工注意事项	女儿墙压顶向内流水坡度明显,表面光滑平整、阴阳角及滴水槽顺直;如女儿墙压顶檐口做成鹰嘴,应坡度一致、下口平整顺直。立墙防水保护层与屋面面层分格缝对应、宽窄一致、线条顺滑、整齐美观。

第六节　屋面接缝密封防水

030601　填塞背衬材料

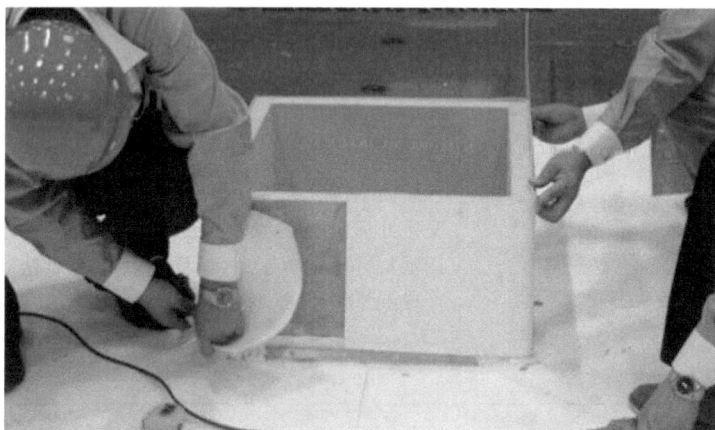

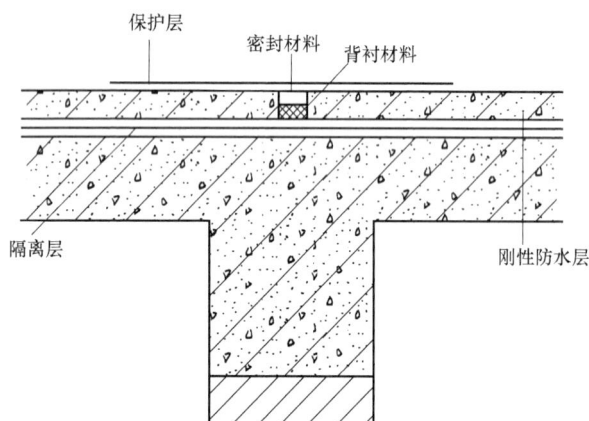

接缝密封防水处理

施工工艺说明	背衬材料是用于控制密封材料的嵌填深度,防止密封材料和接缝底部粘结而设置的可变形材料。采用的背衬材料应能适应基层的膨胀和收缩,具有施工时不变形、复原率高和耐久性好等性能。背衬材料的品种有聚乙烯泡沫塑料棒、橡胶泡沫棒等。背衬材料的形状有圆形、方形的棒状或片状,应根据实际需要选定。
施工技术要点	填塞时,圆形的背衬材料其直径应大于接缝宽度 $1\sim2mm$;方形背衬材料应与接缝宽度相同或略小,以保证背衬材料与接缝两侧紧密接触。如果接缝较浅时,可用扁平的片状背衬材料起隔离作用。
质量通病防治	硬泡聚氨酯为筒装材料,在现场喷涂发泡,使用时应根据发泡比例确定喷涂的用量。背衬材料的填塞应在涂刷基层处理剂前进行,以免损坏基层处理剂,削弱其作用。填塞的高度以保证设计要求的最小接缝深度为准。
施工注意事项	由于接缝口施工时难免有一些误差,不可能完全与要求的形状一致,因此要备有多种规格的背衬材料,供施工选用。

030602 涂刷基层处理剂

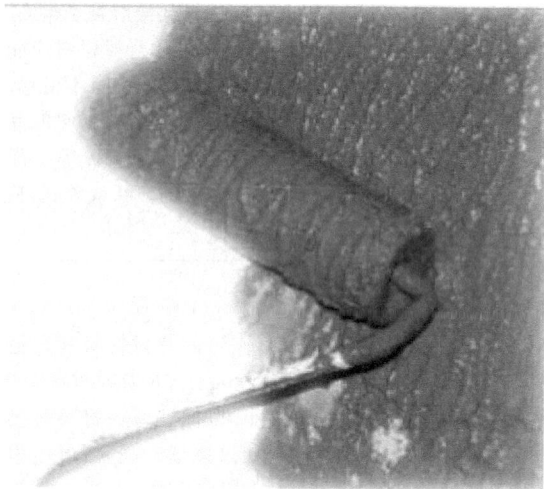

施工工艺说明	基层处理剂的主要作用是使被粘结表面受到渗透及湿润,从而改善密封材料和被粘结体的粘结性,并可以封闭混凝土及水泥砂浆基层表面,防止从其内部渗出碱性物及水分。
施工技术要点	基层处理剂一般采用密封材料生产厂家配套提供的或推荐的产品,如果采取自配或其他生产厂家时,应作粘结及相融性试验。
质量通病防治	基层处理剂一般采用密封材料生产厂家配套提供的或推荐的产品,如果采取自配或其他生产厂家时,应作粘结及相融性试验。
施工注意事项	涂刷基层处理剂前应检查基层应牢固,表面应平整、密实,不得有蜂窝、麻面、起皮和起砂现象。接缝尺寸应符合设计要求,宽度和深度沿缝应均匀一致。嵌填密封材料前,基层应干净、干燥,否则会降低粘结强度。

030603　热灌法嵌填密封材料

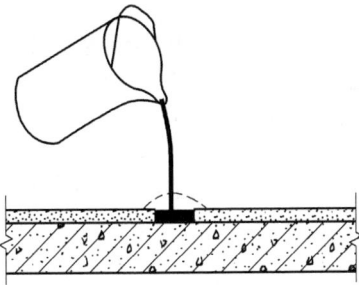

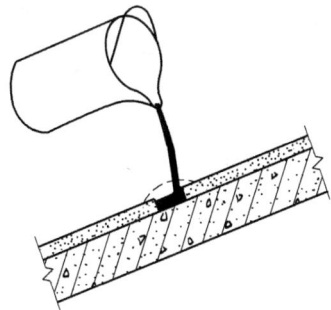

密封材料热灌法施工

（a）灌垂直屋脊板缝；（b）灌平行屋脊板缝

施工工艺说明	采用热灌法工艺施工的密封材料需要在现场加热,使其具有流动性后使用。热灌法适用于平面接缝的密封处理。
施工技术要点	密封材料的加热设备采用导热油传热和保温的加热炉,加热均匀程度与温度控制能力较好。将密封材料装入锅中,装锅容量以2/3为宜,用文火缓慢加热,使其熔化,并随时用棍棒进行搅拌,使锅内材料加热均匀,以免锅底材料温度过高而老化变质。在加热过程中,要注意温度变化,可用200～300℃的棒式温度计测量温度。加热温度应由厂家提供,或根据材料的种类确定。若现场没有温度计时,温度控制以锅内材料液面发亮,不再起泡,并略有青烟冒出为度。加热到规定温度后,应立即运至现场进行浇灌,灌缝时温度应能保证密封材料具有很好的流动性。若运输距离过长应采用保温桶运输。
质量通病防治	当屋面坡度较小时,可采用灌缝车灌缝,以减轻劳动强度,提高工效。檐口、山墙等节点部位灌缝车无法使用或灌缝量不大时宜采用鸭嘴壶浇灌。为方便清理可在桶内薄薄涂一层机油,撒上少量滑石粉。灌缝应从最低标高处开始向上连续。
施工注意事项	灌缝漫出两侧的多余材料,在确保没有杂质情况下,可切除回收利用,与容器内清理出来的密封材料一起,投入加热炉中加热后重新使用,但一次加入量不得超过新材料的10%。灌缝完毕后应立即检查密封材料与缝两侧面的粘结是否良好,是否有气泡,若发现有脱开现象和气泡存在,应用喷灯或电烙铁烘烤后压实。

030604　冷嵌法嵌填密封材料

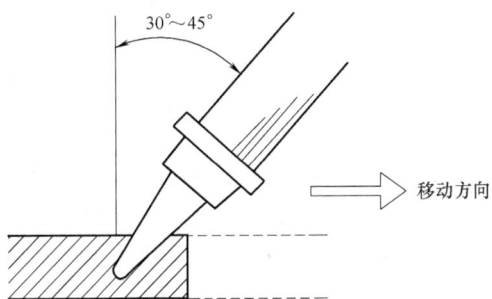

冷灌法施工

施工工艺说明	冷嵌法施工大多采用手工操作,用腻子刀或刮刀嵌填,较先进的有采用电动或手动嵌缝枪进行嵌填的。
施工技术要点	用腻子刀嵌填时,先用刀片将密封材料刮到接缝两侧的粘结面,然后将密封材料填满整个接缝。嵌填时应注意不让气泡混入密封材料中,并要嵌填密实饱满。为了避免密封材料粘结在刀片上,嵌填前可先将刀片在煤油中蘸一下。采用挤枪法施工时,应根据接缝的宽度选用合适的枪嘴。若采用筒装密封材料,叮把包装筒的塑料嘴斜切开作为枪嘴。嵌填时,把枪嘴贴近接缝底部,并朝移动方向倾斜一定角度,边挤边以缓慢均匀的速度使密封材料从底部充满整个接缝的交叉部位嵌填时,先充填一个方向的接缝,然后把枪嘴插进交叉部位已填充的密封材料内,填好另一个方向的接缝。密封材料衔接部位的嵌填,应在密封材料固化前进行,嵌填时应将枪嘴移动到已嵌填好的密封材料内重新填充,以保证衔接部位的密实饱满。填充接缝端部时,只填到离顶端 200mm 处,然后从顶端往已填充好的方向填充,以保证接缝端部密封材料与基层粘结牢固。如接缝尺寸大,宽度超过 30mm,或接缝底部呈圆弧形时,宜采用二次填充法嵌填,即待先填充的密封材料固化后,再进行第二次填充。
质量通病防治	为了保证密封材料的嵌填质量,应在嵌填完的密封材料表干前,用刮刀压平与修整。压平应稍用力朝与嵌填时枪嘴移动相反的方向进行,不要来回揉压。压平一结束,即用刮刀朝压平的反方向缓慢刮压一遍,使密封材料表面平滑。
施工注意事项	填嵌密封材料前,基层应干净、干燥。一般水泥砂浆找平层完工 10d 后接缝才可嵌填密封材料,并且施工前应晾晒干燥。

030605 固化、养护

施工工艺说明	已嵌填施工完成的密封材料,要进行固化、养护。
施工技术要点	养护时间为 2~3d,接缝密封防水处理通常为隐蔽工程,下一道工序施工时,必须对接缝部位的密封材料采取临时性或永久性的保护措施。
质量通病防治	进行施工现场清扫,或进行找平层、保温隔热层施工时,对已嵌填的密封材料宜用卷材或木板条保护,以防污染或碰损。
施工注意事项	嵌填的密封材料固化前不得踩踏,因为密封材料嵌填时构造尺寸和形状都有一定的要求,若未固化,密封材料尚未具备足够的弹性,踩踏后易发生塑性变形,从而导致其构造尺寸不符合设计要求。

030606　保护层施工

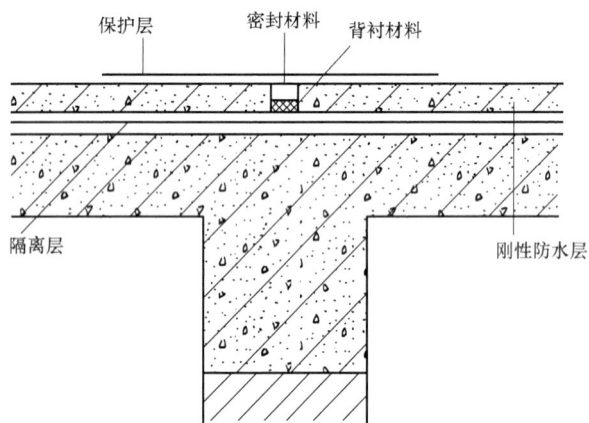

保护层　　密封材料　背衬材料

隔离层　　　　　　　　　　　　　　　　　刚性防水层

接缝密封防水处理

施工工艺说明	接缝直接外露的密封材料上宜作保护层，以延长密封防水耐用年限。保护层施工，必须待密封材料表干后才能进行，以免影响密封材料的固化过程及损坏密封防水部位。
施工技术要点	保护层的施工应根据设计要求进行，如设计无具体要求时，一般可采用所用的密封材料稀释后作为涂料，加铺一层胎体增强材料，作成宽约 200mm 左右的一布二涂涂膜保护层。此外还可以铺贴卷材、涂刷防水涂料或铺抹水泥砂浆作保护层，其宽度不应小于 100mm。
质量通病防治	保护层应粘结牢固、覆盖密实，并应盖过密封材料，宽度不小于 100mm。
施工注意事项	密封防水处理部位的密封材料与基层应粘结牢固，密封部位应光滑、平整、无气泡、龟裂、脱壳、凹陷等现象。接缝的宽度和深度应符合设计要求。

第七节　瓦　屋　面

030701　瓦屋面防水

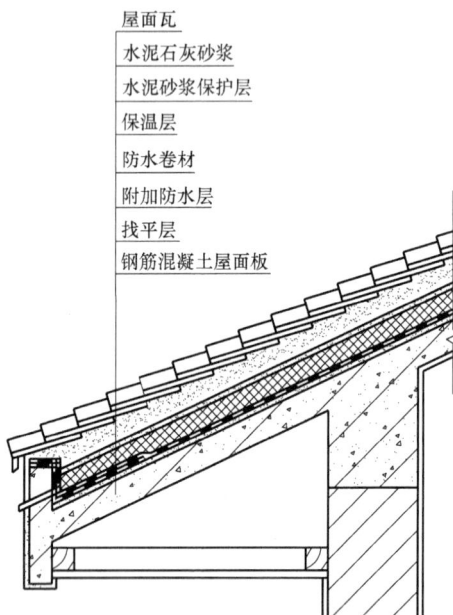

- 屋面瓦
- 水泥石灰砂浆
- 水泥砂浆保护层
- 保温层
- 防水卷材
- 附加防水层
- 找平层
- 钢筋混凝土屋面板

施工工艺说明	所有阴阳角、预埋筋穿出处应事先做好圆弧;圆弧处粘贴附加层,涂刷严密。涂刷前,基层应干燥、平整。涂刷厚度符合设计要求。成膜前不得污染、踩踏或淋水。
施工技术要点	斜坡屋面混凝土施工时,为保证混凝土不因重力作用而下滑,坍落度不能太大,且不能使用高频机械振捣。
质量通病防治	为防止屋面渗漏,卷材铺贴应自下而上平行屋脊方向,搭接应顺流水方向。卷材铺设时应压实铺平,上部工序施工时不得损坏已铺好的防水卷材。
施工注意事项	为满足斜屋面结构防水要求,斜屋面混凝土施工时,禁止采用堆集的方法,宜采用小型振捣器振捣密实。

030702 瓦屋面保温

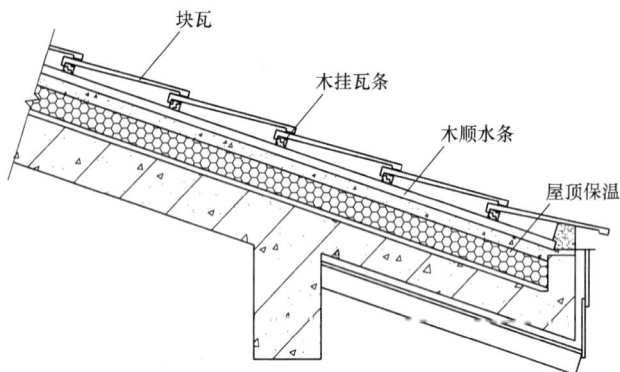

块瓦

木挂瓦条

木顺水条

屋顶保温

工艺说明：屋面保温层应选用表观密度小、导热系数小、吸水率低的保温材料。保温层设于防水层之上，上部为35mm（设计确定）厚C15细石混凝土找平层（配Φ6@500mm×600mm钢筋网与屋面预留的钢筋固定）。保温材料铺贴时要紧贴基层，铺平垫稳，拼缝严密，分层铺设的上下接缝应相互错开。

030703 挂瓦层

工艺说明：挂瓦条的断面一般为30mm×30mm，长度一般不小于3根椽条间距，挂瓦条必须平直（特别保证挂瓦条上边口的平直），接头在椽木上，钉置牢固。

斜脊、斜沟瓦：先将整瓦挂上，沟边要求搭盖泛水宽度不小于150mm，弹出墨线，编好号码，将多余瓦面砍去，然后按号码次序挂上。斜脊处平瓦也按上述方法挂上。

脊瓦：挂平脊、斜脊脊瓦时，应拉通长麻线，铺平挂直。扣脊瓦用1∶2.5石灰砂浆铺座平实，脊瓦接口和脊瓦与平瓦间的缝隙处要用抗渗裂纤维的灰浆嵌严刮平，脊瓦与平瓦的搭接，每边不少于40mm；平脊的接头口要顺主导风向。

定钉连接椽木时，不得漏钉，接头要错开，同一椽木条上不得连续超过3个接头。

030704　平瓦屋面排瓦控制

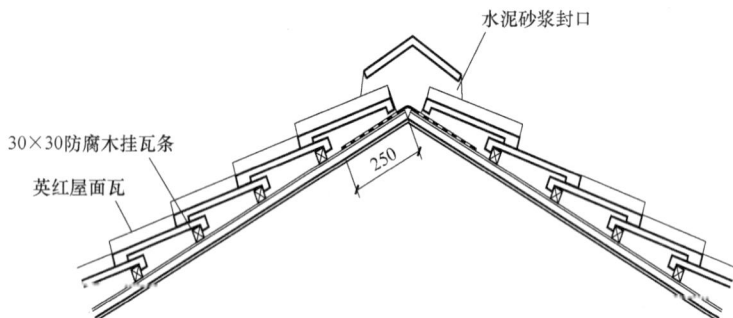

水泥砂浆封口

30×30防腐木挂瓦条

英红屋面瓦

250

工艺说明：保证屋面达到三线标齐，应在屋檐第一排瓦和屋脊处最后一排瓦施工前进行预铺瓦，大面积利用平瓦扣接的调整范围来调节瓦片。摆瓦一般有条摆和堆摆两种。条摆要求隔3根挂瓦条摆一条瓦，每米约22块；堆摆要求一堆9块瓦，间距为左右隔2块瓦宽，上下隔2根挂瓦条，均匀错开，摆置稳妥。

030705　瓦片固定

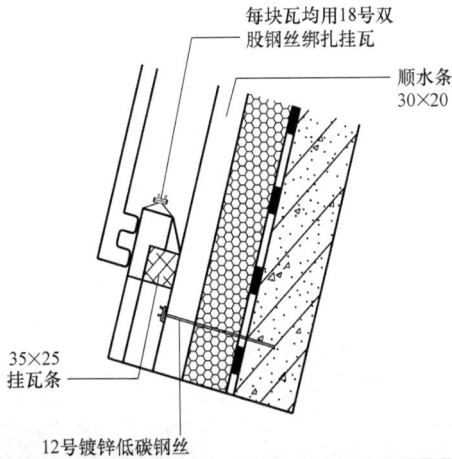

每块瓦均用18号双
股钢丝绑扎挂瓦

顺水条
30×20

35×25
挂瓦条

12号镀锌低碳钢丝

　　工艺说明：第一块瓦找准位置后，使用钢钉在2个预留孔隙穿过后，将瓦片固定在挂瓦条上；接下来将第二块瓦压接在第一块瓦面上，调整位置，确保搭接边筋咬合完整，瓦片方正，之后将其同样固定。当屋面坡度大于50%时，或在大风、地震地区，每片瓦均需用镀锌铁丝固定于瓦条上。

030706 油毡瓦

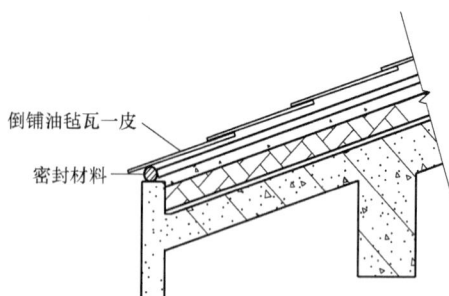

施工工艺说明	油毡瓦屋面坡度宜为 20%～85%,屋面基层应具备足够强度,表面平整、干净,女儿墙泛水、檐沟、细部节点等部位进行防水处理。
施工技术要点	油毡瓦应自檐口向上铺设,第一层瓦与檐口平行,切槽应向上指向屋脊,用油毡钉固定。第二层油毡瓦应与第一层叠合,但切槽应向下指向檐口。第三层油毡瓦压在第二层上,并露出切槽 125mm。
质量通病防治	油毡瓦之间的对缝,上下层不应重合。每片油毡瓦不应少于 4 个油毡钉。
施工注意事项	屋面与突出屋面结构的连接处,油毡瓦应铺设在立面上,其高度不应小于 250mm。

030707　瓦屋面檐口构造

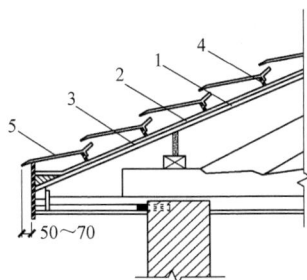

平瓦檐口

1-木基层；2-平铺油毡；3-顺水条；
4-挂瓦条；5-平瓦

施工工艺说明	檐口瓦：挂瓦次序从檐口由下到上、由左向右方向进行。檐口瓦要挑出檐口 50～70mm。
施工技术要点	檐口第一根瓦条，要保证出檐（或出封檐板外）50～70mm，上下排平瓦的瓦头和瓦尾的扣搭长度 50～70mm，屋脊处两个坡面上最上两根挂瓦条，要保证挂瓦后，两个尾瓦的间距在搭盖脊瓦时，脊瓦搭接瓦尾的宽度每边不小于 40mm。
质量通病防治	防止漏水，瓦的搭接应顺主导风向。
施工注意事项	当屋面坡度大于 50% 时，或在大风、地震地区，每片瓦均需用镀锌铁丝固定于瓦条上。

030708   瓦屋面成品檐口

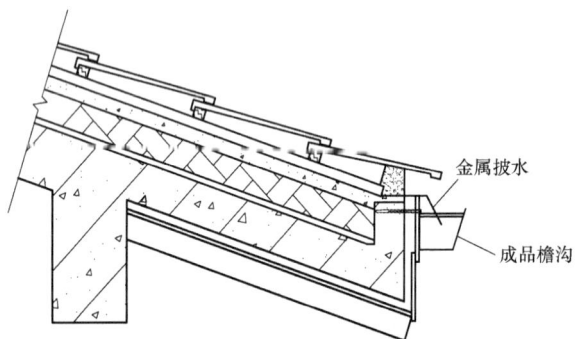

金属披水

成品檐沟

施工工艺说明	弹导向线确保檐沟向落水管方向倾斜呈1％的回水坡度。
施工技术要点	先在屋檐上弹一条水平线,参照水平线从雨水槽较高一端再弹坡度为1％的直线为导向线(檐沟高端最好选在两根落水管的中心)。导向线距檐口上、下边缘不得小于20mm。
质量通病防治	防止雨水槽的热胀冷缩引起的长度变化,雨水槽与水斗采用搭接方式连接,不需粘结,雨水槽应伸入水斗10~20mm。安装水斗前,将一落水管弯头与水斗相连。将落水管弯头大头向上,挤压落水管弯头直至它完全嵌入水斗为止。在结合部位的背面装入两个不锈钢螺丝固定落水管弯头。
施工注意事项	在安装最后一段檐沟之前,先确定落水管的位置,让水斗对准屋檐,使用水平仪使它保持平直。沿水斗的左右两侧画线,并设置檐沟固定件。

030709　瓦屋面雨水管安装

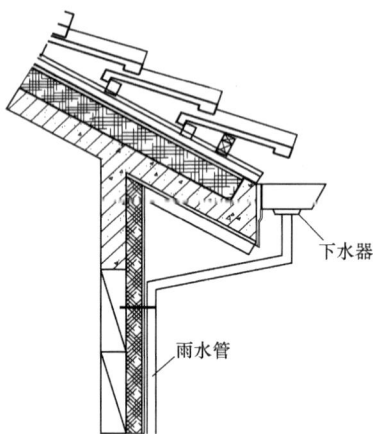

下水器

雨水管

工艺说明：瓦屋面安装水斗前，将一落水管弯头与水斗相连。将落水管弯头大头向上，挤压落水管弯头直至它完全嵌入水斗为止。在结合部位的背面装入两个不锈钢螺栓固定落水管弯头。

瓦屋面雨水管安装时，为了把水从墙角排开，在转向器连接一定长度的落水管，独特的落水管转向器可以水平抬起落水管，使之对准庭院地面的水沟。

雨水管安装过程中，要使落水管弯头（或落水管转向器）在离地至少150mm，并与墙体完成面至少20mm的位置。同时，使弯头与水斗保持在一条直线上。并用管卡使之与墙体相连，每3m的落水管需要安装3个管卡。若长度超过3m，则用落水管接头连接两段落水管。

第八节 金属板材屋面

030801 穹型网架屋面檩条安装

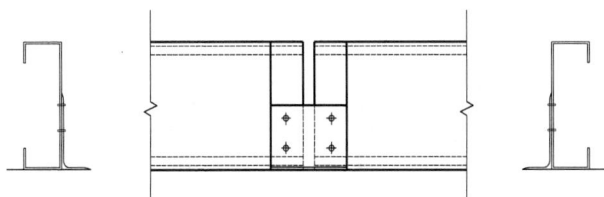

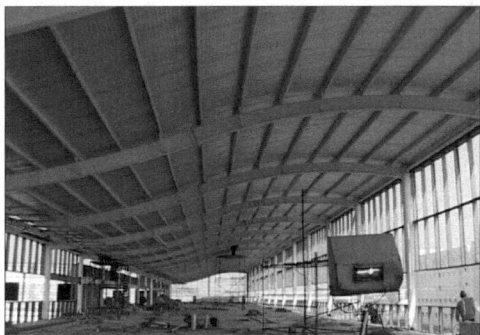

施工工艺说明	为保证安装结构的稳定性和受力均匀,主框安装不得高空焊接。
施工技术要点	压型钢板屋面的檩条安装需对网架复检,复检合格后,方可开始连接檩条,按要求,调直、刷漆、焊接檩条时必须满焊。
质量通病防治	防止在风吸力作用下,檩条下翼缘受压,屋面宜用自攻螺钉直接与檩条连接,拉条宜设在下翼缘附近。
施工注意事项	当檩条跨度大于 4m 时,应在檩条间跨中位置设置拉条。当檩条跨度大于 6m 时,应在檩条跨度三分点处各设置一道拉条。

030802 压型钢板安装搭接

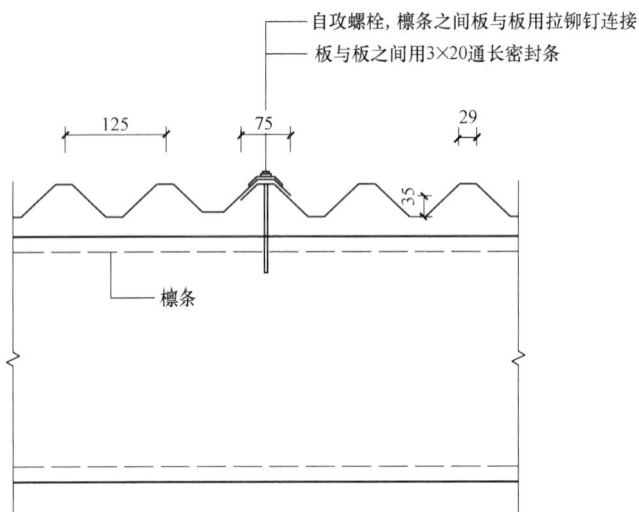

施工工艺说明	铺板时,两板长向搭接间应放置一条通常密封条,端头放置二条密封条(屋脊板、泛水板、包角板等),密封条不得间断。两板铺设后,两板的侧向搭接处还得用拉铆钉连接,所用铆钉均应用丙烯酸或硅酮密封胶封严,并用金属或塑料杯盖保护。
施工技术要点	每块金属板材两端支撑处板缝均应用 M6.3 自攻螺栓与檩条固定,中间支撑处应每隔一个板峰用 M6.3 自攻螺栓与檩条固定。
质量通病防治	为防止屋面渗漏,钻孔时,应垂直不偏斜,将板与檩条一起钻穿,螺栓固定前,先垫好长短边的密封条,套上橡胶密封垫圈和不锈钢压盖一起拧紧。
施工注意事项	压型钢板上下两块板的板峰应对齐,横向搭接不小于一个波长,长向搭接应顺年最大频率风向搭接,端部搭接应顺流水方向搭接,搭接长度不小于200mm。屋面板铺设从一端开始,往另一端同时向屋脊方向进行,搭接处要用通长的专用自粘性密封胶带粘牢,连接口用自攻螺栓连接牢固。

030803 压型钢板屋面檐口

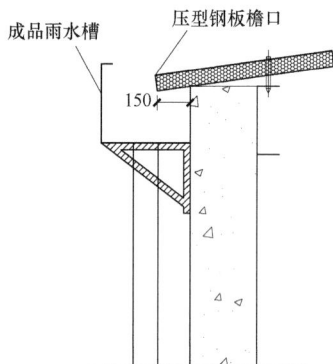

施工工艺说明	屋面坡度不应小于1/20,亦不大于1/6;在腐蚀环境中屋面坡度不应小于1/12。
施工技术要点	当屋面为自由落水时,檐口处应进行适当的装饰,有檐沟或雨水槽时,金属板材伸入檐沟内的长度应≥150mm。装饰构件应与主体结构做可靠连接。
质量通病防治	避免产生热桥,檐口部位是屋面与墙体交接部位,应使用保温材料连续铺设。
施工注意事项	严寒地区及寒冷地区应考虑屋面冰雪坠落及檐口坠冰等问题。 室外侧压型板波高处应与封边的包角板间用堵头件密封。

第九节　屋　面　保　温

030901　保温层构造

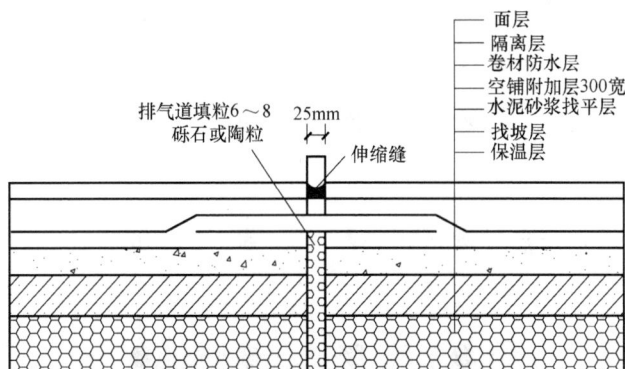

面层
隔离层
卷材防水层
空铺附加层300宽
水泥砂浆找平层
找坡层
保温层

排气道填粒6～8
砾石或陶粒

25mm

伸缩缝

工艺说明：屋面保温层采用聚苯板或挤塑聚苯板，这两种材料吸水率小，长期浸水不腐烂，保温层上用混凝土等块材、水泥砂浆或卵石做保护层，防水层一定要平整，不得有积水现象。屋面保温的强度应满足施工和搬运要求，在屋面上只要求大于等于0.1MPa的抗压强度就可以满足。

030902 找平层与隔气层施工

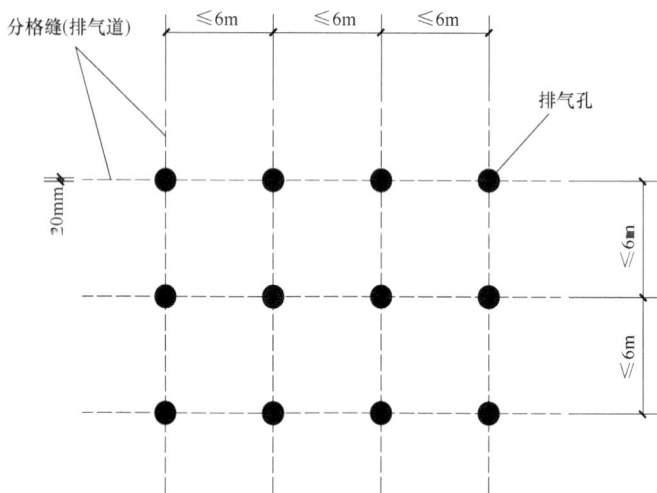

施工工艺说明	排气出口应埋设排气管,排气管应设置在结构层上;穿过保温层的管壁应打排气孔,屋面排气孔应做到做法一致、排列整齐、外形美观,应设置在纵横分格缝的相交点处。
施工技术要点	排气道间距宜为 6m 纵横设置,屋面面积每 36m² 宜设置 1 个排气道。排气道应无砂浆、水泥、砂等粉料掺入,确保气体畅通排至排气管。
质量通病防治	当原预留的排气管受到污染或破坏时,可采用管外套管的方式进行补救,套管应套在内管卷起防水卷材的外侧,并向下埋入屋面面层内。
施工注意事项	找平层要留分格缝,分格缝的宽度一般为 20mm;水泥砂浆或稀释混凝土找平层纵横分格缝的最大间距不超过 6m,分格缝内应填嵌沥青、砂等弹性密封材料;基层应坡度正确、平整光洁,平整度偏差不大于 5mm,无空鼓裂缝;防水找平层、防水保护层、面层的分格缝位置上下应对应,面层分格缝预留位置应满足验收规范规定。

030903　松散材料保温层施工

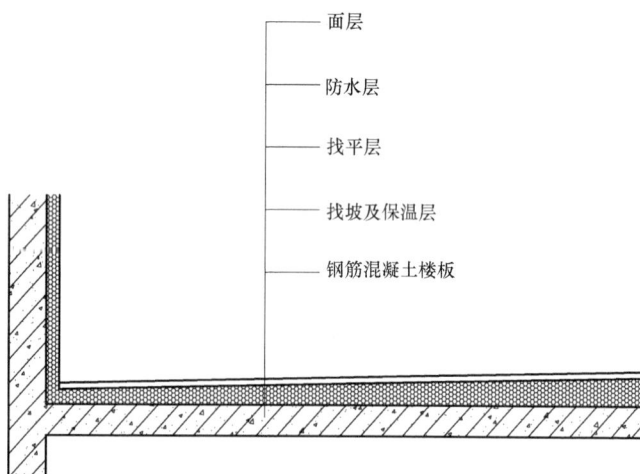

面层

防水层

找平层

找坡及保温层

钢筋混凝土楼板

施工工艺说明	铺设松散保温层的基层应平整、干燥、干净、无裂纹、无蜂窝。
施工技术要点	铺抹找平层时,可在松散保温层上铺一层塑料薄膜等隔水物,以阻止砂浆中水分被吸收,造成砂浆缺水、强度降低,同时可避免保温层吸收砂浆中的水分而降低保温性能。
质量通病防治	为了准确控制铺设厚度,可在屋面上每隔1m摆放保温层厚度的木条作为厚度标准。
施工注意事项	松散材料保温层应分层铺设,并适当压实,每层虚铺厚度不宜大于150mm;压实的程度与厚度应经试验确定;压实后不得直接在保温层上行车或堆放重物。 保温层施工完毕后,应及时进行下道工序施工,抹找平层和防水层施工。雨期施工时,应采取遮盖措施,防止雨淋。

030904 板状保温材料施工

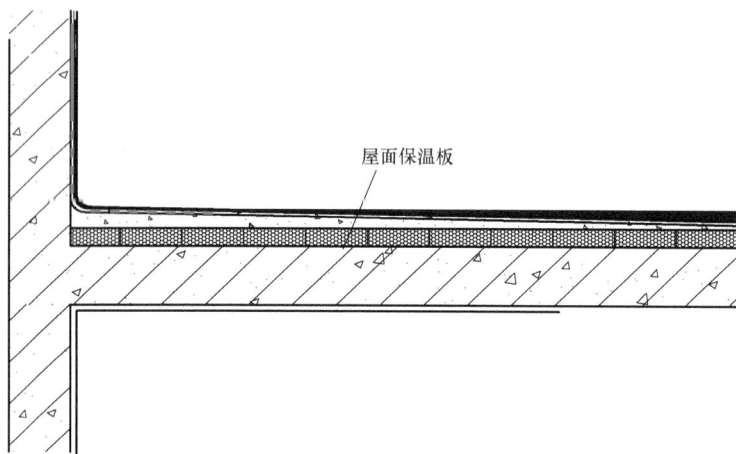

屋面保温板

施工工艺说明	铺设板状保温材料的基层应平整、干净、干燥。
施工技术要点	粘贴板状保温材料,应铺砌平整、严实,分层铺设的接缝应错开,胶粘剂应视保温板的材性选用,板缝间或缺角处应用碎屑加胶料搅拌匀填补严密。
质量通病防治	铺抹找平层时,可在松散保温层上铺一层塑料薄膜等隔水物,以阻止砂浆中水分被吸收,造成砂浆缺水,强度降低,同时可避免保温层吸收砂浆中的水分而降低保温性能。
施工注意事项	干铺板状保温材料,应紧靠基层表面,铺平、垫稳,分层铺设时,上下接缝应相互错开,接缝处应用同类材料碎屑填嵌饱满。

030905 整体保温层施工

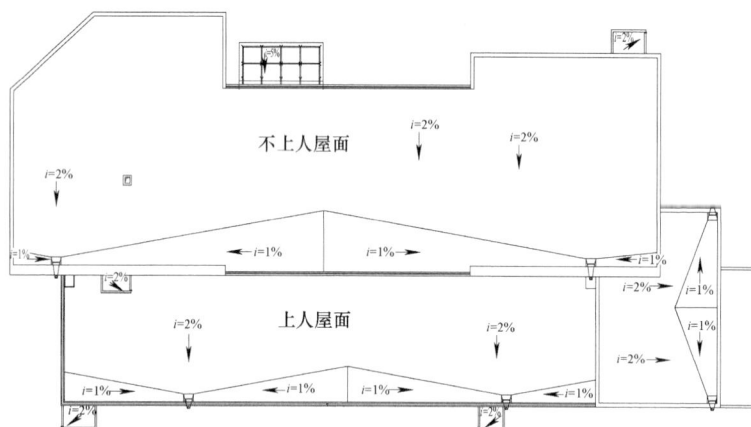

不上人屋面

$i=2\%$

$i=2\%$

$i=2\%$

$i=1\%$

$i=1\%$

$i=1\%$

$i=1\%$

上人屋面

$i=2\%$

$i=2\%$

$i=2\%$

$i=2\%$

$i=1\%$

$i=1\%$

$i=1\%$

$i=1\%$

施工工艺说明	保温材料的基层应平整、干净、干燥。
施工技术要点	水泥膨胀珍珠岩等整体保温材料应拍实至设计厚度,虚铺厚度压实厚度应根据实验确定。保温层铺设后,应立即进行找平层施工。
质量通病防治	为防止硬泡聚氨酯保温层泡孔大面不均、强度降低,保温层施工前,基层必须干燥;防止保温层发生收缩,喷涂时要求连续均匀。
施工注意事项	水泥膨胀珍珠岩等保温材料应采取人工搅拌,避免颗粒破碎。以水泥为胶结材料时,应将水泥制成砂浆后,边泼边拌均匀。

030906　架空隔热层施工

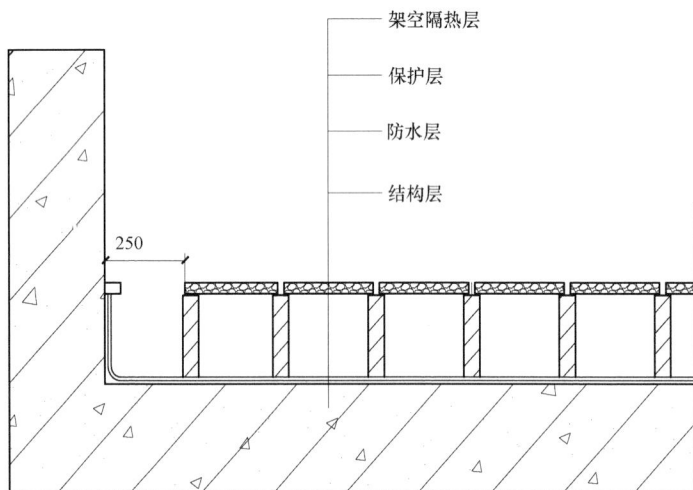

架空隔热层

保护层

防水层

结构层

250

施工工艺说明	屋面保温层应选用表观密度小、导热系数小、吸水率低和憎水性的保温材料,尤其在整体封闭式保温层和倒置式屋面必须选用吸水率低的保温材料。
施工技术要点	屋面结构层为现浇混凝土时,宜随捣随抹找平(可加水泥砂浆),结构层为装配式预制板时,应在板缝灌掺膨胀剂不小于 C20 细石混凝土,然后铺抹水泥砂浆,找平层宜在砂浆收水后进行二次压光,表面应平整。
质量通病防治	防止防水层被破坏,架空板支座底面的柔性防水层上应采取增设柔软材料的加强措施。
施工注意事项	架空隔热板距离女儿墙不小于 250mm,以利于通风,避免顶裂山墙。

第十节 蓄水屋面、种植屋面、倒置式屋面

031001 蓄水屋面构造

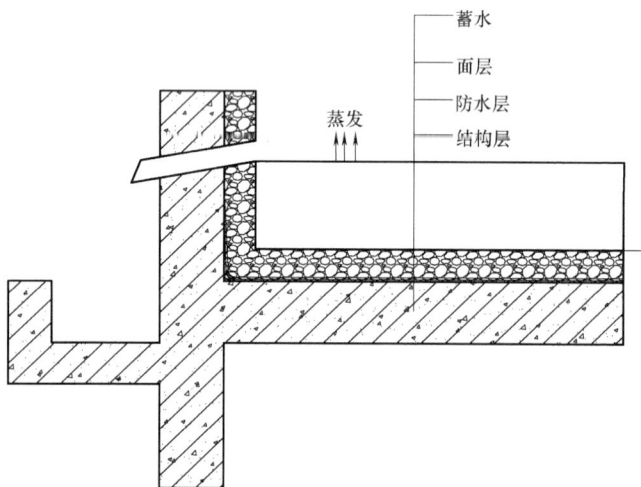

蓄水
面层
防水层
结构层
蒸发

施工工艺说明	蓄水屋面防水层宜采用刚柔结合的防水方案,柔性防水应是耐腐蚀、耐霉烂、耐穿刺好的涂料或卷材,最佳方案是涂料防水和卷材防水复合,然后在防水层上浇筑配筋细石混凝土。
施工技术要点	蓄水屋面坡度不宜大于 0.5%,并应划分若干个蓄水区,每区边长不宜大于 10m,在变形缝两侧,应分成两个互不相通的蓄水区。
质量通病防治	设置溢水口、过水孔、排水管、溢水管的大小、位置、标高留设必须符合设计要求,施工时用尺量检查。
施工注意事项	蓄水屋面工程主要是要求防水层质量可靠,构造设置合理,特别注意蓄水屋面一旦放水,就不能干涸,否则就会发生渗漏。

031002　防水层施工

施工工艺说明	蓄水屋面当采用柔性防水层复合时,应先施工柔性防水层,再做隔离层,然后浇筑细石混凝土防水层。
施工技术要点	柔性防水层施工完成后,应进行蓄水检验无渗漏,才能进行下道工序施工,柔性防水层与刚性防水层或刚性保护层之间应设置隔离层。
质量通病防治	为减少混凝土收缩,细石混凝土原材料内宜掺加膨胀剂、减水剂和密实剂。
施工注意事项	蓄水屋面预埋管道及孔洞应在浇筑混凝土之前预埋固定和预留孔洞,不得事后打孔凿洞。

031003　种植屋面构造

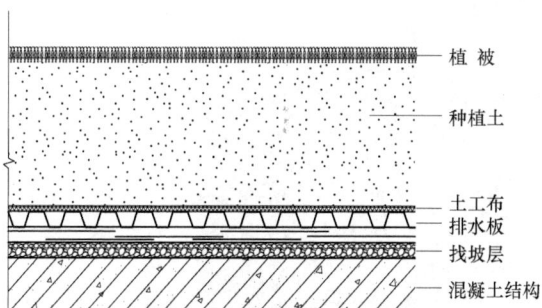

施工工艺说明	种植屋面防水层,宜采用刚柔结合的防水方案,柔性防水应是耐腐蚀、耐霉烂、耐穿刺好的涂料或卷材,最佳方案是涂料防水和卷材防水复合,柔性防水层上必须设置细石混凝土保护层或细石混凝土防水层。
施工技术要点	种植屋面坡度宜为 3%,以利于多余的水排除。
质量通病防治	为阻止屋面种植介质的流失,种植屋面的四周应设挡墙,挡墙下部应设泄水孔,孔内侧放置疏水粗细骨料,或放置聚酯无纺布,以保证多余的水流出,而种植介质不会流失。
施工注意事项	根据种植要求需设置人行通道,也可采用门型预制槽板,作为挡墙和区分走道。

031004　防水层及面层施工

施工工艺说明	种植屋面当采用柔性防水层复合时,应先施工柔性防水层,再做隔离层,然后浇筑细石混凝土防水层。
施工技术要点	分格缝宜采用整体浇筑的细石混凝土硬化后用切割机锯缝,缝深为 2/3 刚性防水层厚度,填密封材料后,加聚合物水泥砂浆嵌缝,以减少植物根系刺穿防水层。
质量通病防治	为避免防水层破坏,种植覆盖层施工时,覆盖材料的表观密度、厚度应按设计的要求选用。
施工注意事项	种植屋面在施工刚性保护层或刚性防水层前应对柔性防水层进行试水,雨后或淋水、蓄水检验合格后才可继续施工。

031005　倒置式屋面构造

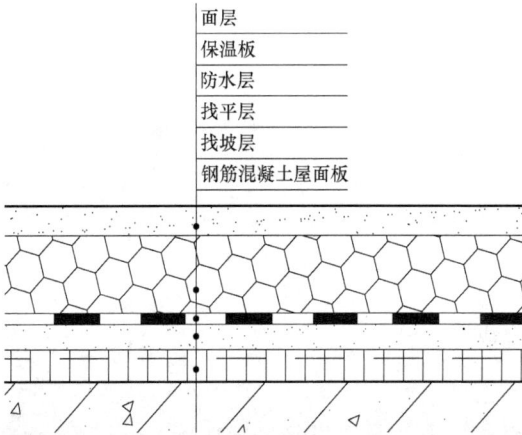

面层
保温板
防水层
找平层
找坡层
钢筋混凝土屋面板

工艺说明：倒置式屋面是将保温层置于防水层的上面，保温层的材料必须是低吸水率的材料和长期浸水不腐烂的材料。倒置式屋面保温层直接暴露在大气中，为了防止紫外线的直接照射、人为的损坏，以及防止保温层泡雨水后上浮，故在保温层上应做相应的保护层。

031006　倒置式屋面施工

工艺说明：防水层施工后应，进行全面检查无缺陷，并试水不渗漏和不积水后方可进行保温层施工。采用浇筑水泥砂浆或细石混凝土上作保护层时应留分格缝。